新版数学シリーズ

# 新版確率統計

改訂版

岡本和夫［監修］

実教出版

# 新版確率統計を学ぶみなさんへ

自然や社会に現れるいろいろな現象を探求するときに，それが表していることがらを，数学を使って調べる方法があります。実際の現象を数学の言葉を使って表したものを数理モデルといいます。天体の運動はニュートンによって数理モデルが創られ，それを解析するために道具である微分積分学が作られてきました。ニュートンのモデルは，現在までの様子から将来が確定的に定まるような強力なものでした。このことは，金環食や惑星の位置の予測などで私たちも経験していることです。

一方，私たちが知っている数理モデルには，このように確実には予測できないが，見事な規則性のある現象を表すモデルもあります。サイコロを投げて出る目の数を確実に予測することはできません。しかし，確率論という数学の分野は，どの目も等しく6分の1の確率で出ることを知った上で，実際の問題についても有用な結果を私たちに教えてくれます。

この教科書では，不確定的な現象を数学的に表すことを主題として，確率と統計の考え方を紹介します。数学的な組み立ては微分積分などと異なるわけではありませんが，不確実なことがらから規則性を見つけ出すという考え方が，基本にあることを忘れずに学んでください。

この教科書は，特に工学系のいろいろな分野で数学に接し，実際の場面で数学を積極的に使うことになる人たちを想定して編修しました。また，みなさんが必要に応じて自学自習もできるように丁寧な記述を心がけて書かれています。確率や統計の考え方は，単に数学の知識としてだけではなく，もっと広い分野に有効な数学的手法です。

## 本書の使い方

本文の理解を助けるための具体例，
および代表的な基本問題。

例題 2
学習した内容をより深く理解するための代表的な問題。
解にはその問題の模範的な解答を示した。
なお，解答の最終結果は太字で示した。

練習 3
学習した内容を確実に身につけるための問題。
例・例題とほぼ同じ程度の問題を選んだ。

節末問題
章末問題
その節・章で学んだ内容をひととおり復習するための問題，
およびやや程度の高い問題。

研究
本文の内容に関連して，興味・関心を深めるための補助教材。
余力のある場合に，学習を深めるための教材。

演習
研究で学習した内容を身につけるための問題。

## もくじ


### 1章　確率

**1節　確率とその基本性質**

1. 事象と確率 ……8
2. 確率の基本性質 ……12

**2節　いろいろな確率の計算**

1. 独立試行とその確率 ……18
2. 反復試行とその確率 ……22
3. 条件付き確率 ……24
4. いろいろな確率の計算 ……29

研究　確率と漸化式 ……33
研究　反復試行の確率の最大値 ……34
**章末問題** ……35

### 2章　データの整理

**1節　1次元のデータ**

1. データの整理 ……38
2. 代表値 ……42
3. 四分位数と箱ひげ図 ……47
4. 分散と標準偏差 ……49

**2節　2次元のデータ**

1. 相関関係 ……56

**章末問題** ……64

### 3章　確率分布

**1節　確率分布**

1. 確率変数と確率分布 ……66
2. 二項分布 ……78

**2節　正規分布**

1. 正規分布 ……82

**章末問題** ……91

### 4章　推定と検定

**1節　統計的推測**

1. 母集団と標本 ……94
2. 統計的推測 ……106

**節末問題** ……113

**2節　仮説の検定**

1. 仮説の検定 ……114

**節末問題** ……123

研究　チェビシェフの不等式と大数の法則 ……124
研究　ポアソン分布 ……126
研究　カイ2乗分布・$t$ 分布の確率密度関数 ……128

解答 ……129
索引 ……132
数表 ……134

## ギリシア文字

| | | |
|---|---|---|
| Α | $\alpha$ | アルファ |
| Β | $\beta$ | ベータ |
| Γ | $\gamma$ | ガンマ |
| Δ | $\delta$ | デルタ |
| Ε | $\varepsilon$ | イプシロン |
| Ζ | $\zeta$ | ツェータ |
| Η | $\eta$ | イータ |
| Θ | $\theta$ | シータ |
| Ι | $\iota$ | イオタ |
| Κ | $\kappa$ | カッパ |
| Λ | $\lambda$ | ラムダ |
| Μ | $\mu$ | ミュー |
| Ν | $\nu$ | ニュー |
| Ξ | $\xi$ | クシイ |
| Ο | $o$ | オミクロン |
| Π | $\pi$ | パイ |
| Ρ | $\rho$ | ロー |
| Σ | $\sigma$ | シグマ |
| Τ | $\tau$ | タウ |
| Υ | $\upsilon$ | ウプシロン |
| Φ | $\varphi$ | ファイ |
| Χ | $\chi$ | カイ |
| Ψ | $\psi$ | プサイ |
| Ω | $\omega$ | オメガ |

第 1 章

# 確率

1

## 確率とその基本性質

2

## いろいろな確率の計算

賭の有利，不利について歴史上初めて書いたのはカルダノ（1501〜1576）だといわれている。

今日の確率論はパスカル（1623〜1662）とフェルマー（1601〜1665）の賭博に関するやり取りの中で生まれ，後にラプラス（1749〜1827）によって大成された。

確率は，起こりうる可能性を数で表したもので，一見，偶然が支配する現象の中に，ある数学的規則性が見えてくる。

# ◆1◆ 確率とその基本性質

## 1 事象と確率

さいころを投げるとき，2以下の目が出る場合と3以上の目が出る場合を比較すると，3以上の目が出る可能性の方が大きいことが予想される。このような偶然に左右されて起こる事柄について，その可能性を数量的に表すことを考えてみよう。

### 1 試行と事象

「硬貨を投げる」「さいころを投げる」などのように，同じ条件のもとで何度も繰り返すことができる実験や観測を行うことを **試行** といい，試行の結果として起こる事柄を **事象** という。

事象は，$A$，$B$，$C$ などの文字を用いて表す。

**例1** 「1個のさいころを投げる」ことは試行であり，「1の目が出る」，「偶数の目が出る」などは事象である。

ここで，「1の目が出る」を数字の1で表すことにすると，「1から6までの目が出る」は，1，2，3，4，5，6と表せる。この表し方を用いると，この試行において，起こりうる結果全体は

$$U=\{1,\ 2,\ 3,\ 4,\ 5,\ 6\}$$

と集合 $U$ で表すことができる。

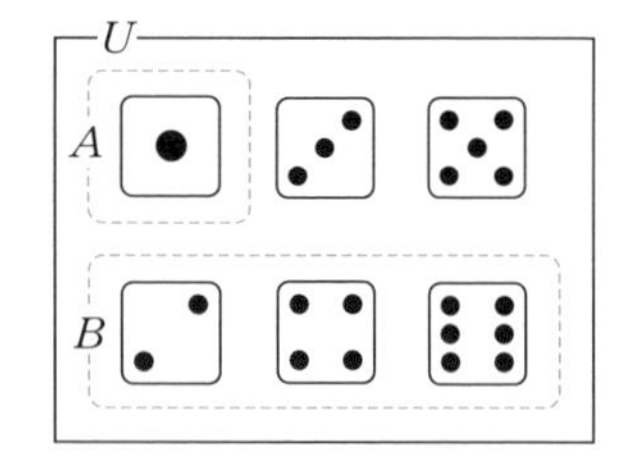


このとき

「1の目が出る」事象を $A$

「偶数の目が出る」事象を $B$

とすると，事象 $A$ と $B$ はそれぞれ

$$A=\{1\},\quad B=\{2,\ 4,\ 6\}$$

と表すことができる。これらは，$U$ の部分集合で表すことができる。

一般に，起こりうる結果全体の集合 $U$ で表される事象を **全事象** という。どんな事象も $U$ の部分集合で表すことができる。とくに，$U$ の1つの要素だけからなる部分集合で表される事象を **根元事象** という。

根元事象はそれ以上分けることができない事象である。

たとえば，例1の試行において根元事象は，次の6個である。

$$\{1\},\ \{2\},\ \{3\},\ \{4\},\ \{5\},\ \{6\}$$

さらに，空集合 $\varnothing$ で表される事象を **空事象** という。空事象は決して起こらない事象である。

**例2** 青球4個と白球2個が入っている袋から，1個の球を取り出すという試行を考えてみよう。

4個の青球を $b_1$，$b_2$，$b_3$，$b_4$ とし，2個の白球を $w_1$，$w_2$ とすると，この試行における全事象 $U$ は

$$U=\{b_1,\ b_2,\ b_3,\ b_4,\ w_1,\ w_2\}$$

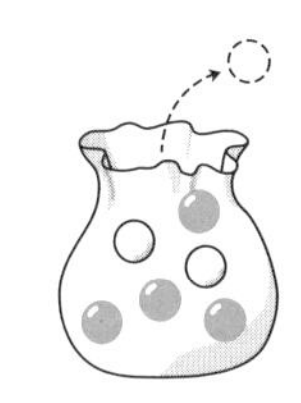

根元事象である集合は

$$\{b_1\},\ \{b_2\},\ \{b_3\},\ \{b_4\},\ \{w_1\},\ \{w_2\}$$

また，「白球が出る」事象を $A$ とすると

$$A=\{w_1,\ w_2\}$$

である。

注意　根元事象を考えるときは，互いに区別できない青球や白球についても番号などで区別して考える。

**練習1** 1から5までの番号が1つずつ書かれた5枚のカードがある。この中から1枚のカードを引くとき，次の事象をカードの番号の集合で表せ。

(1) 全事象 $U$

(2) 偶数である事象 $A$

(3) 3以下の番号である事象 $B$

## 2 事象の確率

1個のさいころを投げる試行では，とくにどの目が出やすいとは考えられないから，この試行の6つの根元事象は同じ程度に起こると期待される。

このように，どの根元事象が起こることも同じ程度に期待できるとき，これらの根元事象は **同様に確からしい** という。

どの根元事象も同様に確からしい試行において，

全事象 $U$ に属する根元事象の個数を $n(U)$，

事象 $A$ に属する根元事象の個数を $n(A)$

とするとき

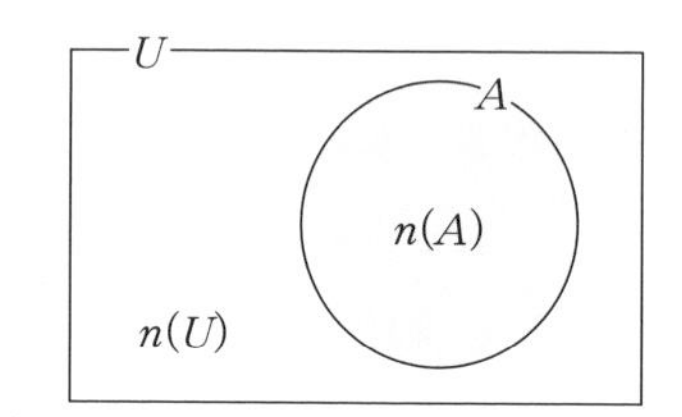


$$\boldsymbol{\frac{n(A)}{n(U)}}$$

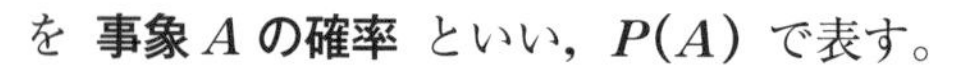
を **事象 $A$ の確率** といい，$\boldsymbol{P(A)}$ で表す。

注意　$P(A)$ の $P$ は，確率 probability の頭文字である。

**事象 $A$ の確率**

$$\boldsymbol{P(A) = \frac{n(A)}{n(U)} = \frac{\text{事象}\,A\,\text{の起こる場合の数}}{\text{起こりうるすべての場合の数}}}$$

これからは，とくに断らないかぎり，根元事象が同様に確からしいときの確率について考えることにする。

**例3**　1個のさいころを投げる試行において，全事象を $U$ とし，奇数の目が出る事象を $A$ とすると

$$U = \{1,\ 2,\ 3,\ 4,\ 5,\ 6\},\qquad A = \{1,\ 3,\ 5\}$$

$n(U) = 6$，$n(A) = 3$ であるから，奇数の目が出る確率は

$$P(A) = \frac{n(A)}{n(U)} = \frac{3}{6} = \frac{1}{2}$$

**練習2**　1組52枚のトランプから1枚のカードを引くとき，次の確率を求めよ。

(1) 引いたカードがハートである確率

(2) 引いたカードが絵札である確率

**例 4**　2枚の硬貨を同時に投げる試行を考える。2枚の硬貨を a，b と区別して a に表，b に裏が出ることを (表，裏) で表すことにする。起こりうるすべての場合は

(表，表)，(表，裏)，(裏，表)，(裏，裏) の4通り

このうち，少なくとも1枚が表である事象は

(表，表)，(表，裏)，(裏，表) の3通り

よって，少なくとも1枚が表である事象の確率は　$\dfrac{3}{4}$

注意　根元事象が同様に確からしいとするために，(表，裏)，(裏，表) は異なる根元事象であると考える。

**練習 3** (1)　3枚の硬貨を同時に投げるとき，表が2枚，裏が1枚出る確率を求めよ。

(2)　2個のさいころを同時に投げるとき，目の和が10以上になる確率を求めよ。

**例題 1**　青球4個と白球5個が入っている袋から，3個の球を同時に取り出すとき，1個が青球で，2個が白球である確率を求めよ。

**解**　9個の球から3個の球を取り出すすべての場合の数は

$_9C_3$ 通り

このうち，1個が青球で2個が白球である場合の数は

$_4C_1 \times {_5C_2}$ 通り

よって，求める確率は

$$\frac{_4C_1 \times {_5C_2}}{_9C_3} = \frac{40}{84} = \mathbf{\frac{10}{21}}$$

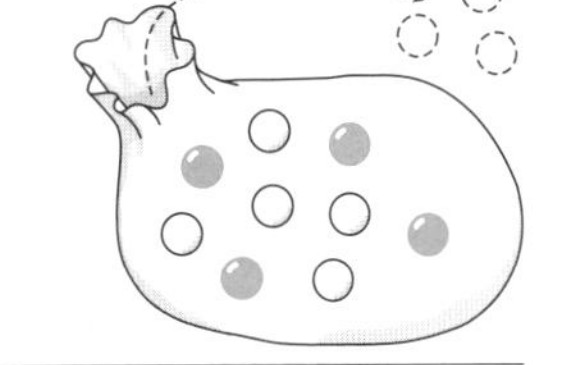

**練習 4**　赤球3個と白球7個が入っている袋から，4個の球を同時に取り出すとき，次の確率を求めよ。

(1)　4個とも白球である確率

(2)　赤球が3個で，白球が1個である確率

(3)　赤球が2個で，白球が2個である確率

# 2 確率の基本性質

## 1 積事象と和事象

2つの事象 $A$ と $B$ について，$A$ と $B$ がともに起こる事象を，事象 $A$ と事象 $B$ の **積事象** といい，集合 $A$ と集合 $B$ の共通部分と同様に $\boldsymbol{A \cap B}$ で表す。また，$A$ または $B$ が起こる事象，すなわち $A$，$B$ のうち少なくとも一方が起こる事象を，事象 $A$ と事象 $B$ の **和事象** といい，集合 $A$ と集合 $B$ の和集合と同様に $\boldsymbol{A \cup B}$ で表す。

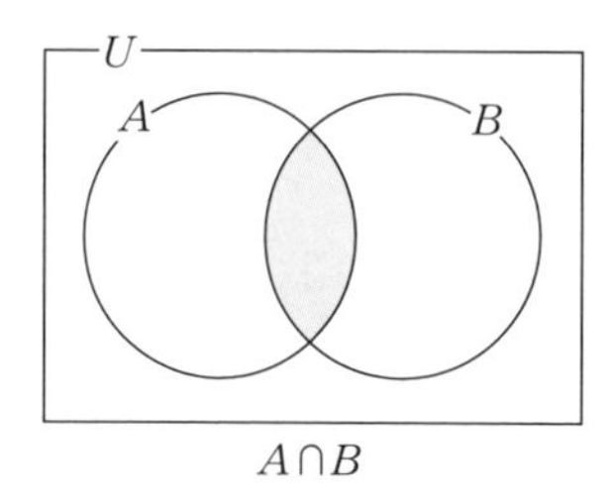

$A \cap B$

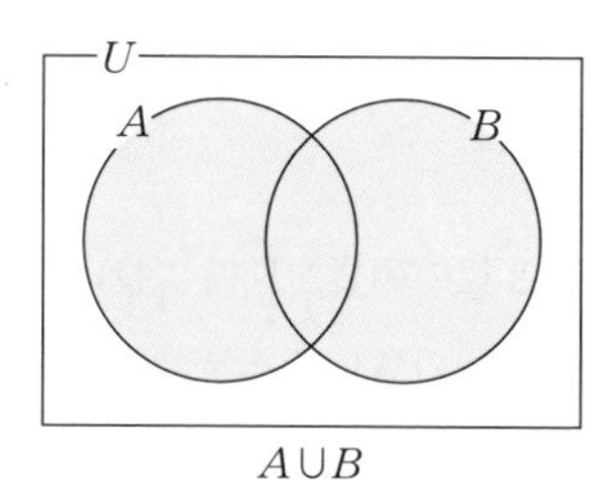

$A \cup B$

**例5** 1個のさいころを投げる試行において

「奇数の目が出る」事象を $A$，

「4以下の目が出る」事象を $B$

とすると

$$A = \{1,\ 3,\ 5\}, \quad B = \{1,\ 2,\ 3,\ 4\}$$

よって，「4以下の奇数の目が出る」事象は，$A$ と $B$ の積事象で

$$A \cap B = \{1,\ 3\}$$

また，「奇数の目が出るか，または4以下の目が出る」事象は，$A$ と $B$ の和事象で

$$A \cup B = \{1,\ 2,\ 3,\ 4,\ 5\}$$

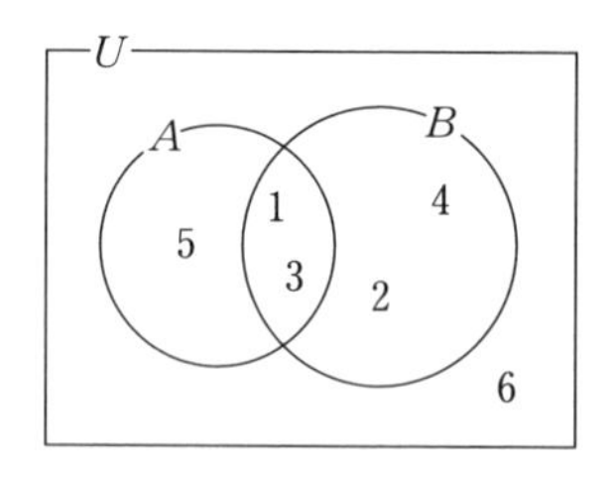


**練習5** 1から20までの番号が書かれた20枚のカードがある。この中から1枚引くとき，その番号が「3の倍数である」事象を $A$，「4の倍数である」事象を $B$ とする。このとき，積事象 $A \cap B$ と和事象 $A \cup B$ を求めよ。

## 2 排反事象

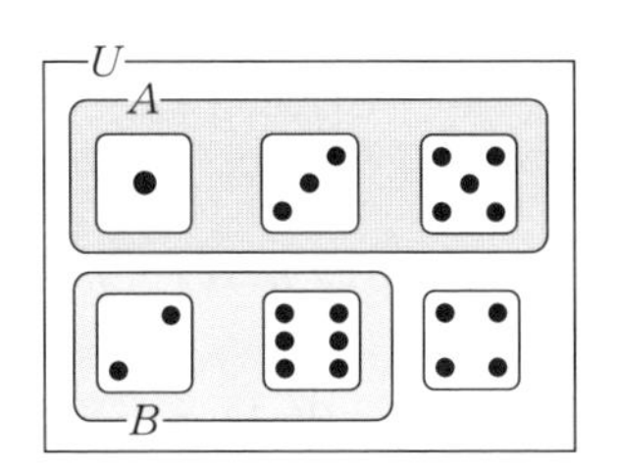


1個のさいころを投げる試行において

「奇数の目が出る」事象を $A$，

「2または6の目が出る」事象を $B$

とすると

$A=\{1,\ 3,\ 5\}$

$B=\{2,\ 6\}$

となり，$A$，$B$ は同時には起こらない。

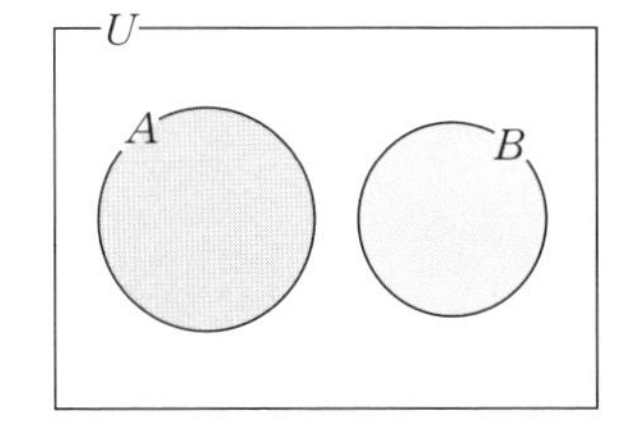


一般に，2つの事象 $A$，$B$ が同時に起こることがないとき，すなわち

$A \cap B=\emptyset$

であるとき，事象 $A$ と事象 $B$ は **互いに排反である** または **排反事象である** という。

**例6** 1から20までの番号がかかれた20枚のカードがある。この中からカードを1枚引くとき，

「素数のカードが出る」事象を $A$ とすると

$A=\{2,\ 3,\ 5,\ 7,\ 11,\ 13,\ 17,\ 19\}$

「4の倍数のカードが出る」事象を $B$ とすると

$B=\{4,\ 8,\ 12,\ 16,\ 20\}$

よって　$A \cap B=\emptyset$

ゆえに，事象 $A$ と事象 $B$ は互いに排反である。

**練習6** 1組52枚のトランプから1枚のカードを引く。次のうち，互いに排反であるものはどの事象か。

事象 $A$：エースが出る事象　　事象 $B$：クイーンが出る事象

事象 $C$：ハートが出る事象　　事象 $D$：クラブが出る事象

## 3 確率の基本性質

ある試行において，全事象を $U$，1つの事象を $A$ とすると，集合 $U$，集合 $A$ のそれぞれの要素の個数 $n(U)$，$n(A)$ について

$$0 \leqq n(A) \leqq n(U) \text{ であるから } \quad 0 \leqq \frac{n(A)}{n(U)} \leqq 1$$

よって，$P(A)=\dfrac{n(A)}{n(U)}$ から，$0 \leqq P(A) \leqq 1$ が成り立つ。

とくに，全事象 $U$ と空事象 $\varnothing$ に対して

$$P(U)=\frac{n(U)}{n(U)}=1, \quad P(\varnothing)=\frac{n(\varnothing)}{n(U)}=\frac{0}{n(U)}=0$$

である。

次に，事象 $A$ と事象 $B$ の和事象の確率を考えよう。

事象 $A$ と事象 $B$ が排反事象であるとき $A \cap B=\varnothing$ であるから次のことが成り立つ。

$$n(A \cup B)=n(A)+n(B)$$

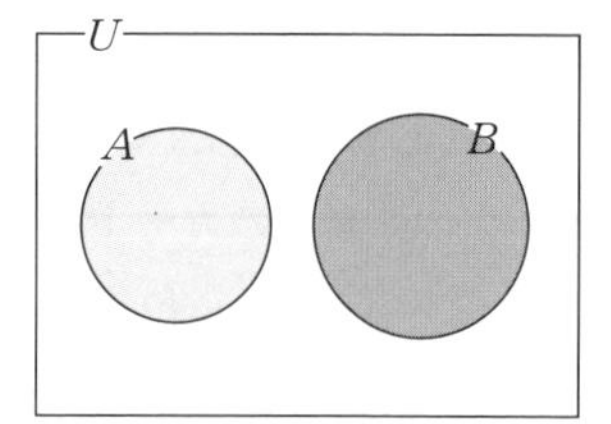


この等式の両辺を $n(U)$ で割ると

$$\frac{n(A \cup B)}{n(U)}=\frac{n(A)}{n(U)}+\frac{n(B)}{n(U)}$$

すなわち

$$P(A \cup B)=P(A)+P(B)$$

が成り立つ。これを **確率の加法定理** という。

**確率の基本性質**

[1] どのような事象 $A$ に対しても $\quad \boldsymbol{0 \leqq P(A) \leqq 1}$

[2] 全事象 $U$ について $\quad \boldsymbol{P(U)=1}$

空事象 $\varnothing$ について $\quad \boldsymbol{P(\varnothing)=0}$

[3] 事象 $A$ と事象 $B$ が互いに排反であるとき

$$\boldsymbol{P(A \cup B)=P(A)+P(B)}$$

**例題 2** 青球 5 個と白球 4 個が入っている袋から，2 個の球を同時に取り出すとき，2 個とも同じ色である確率を求めよ。

**解** 「青球を 2 個取り出す」事象を $A$,
「白球を 2 個取り出す」事象を $B$
とすると,「2 個とも同じ色である」事象は $A \cup B$ で表される。

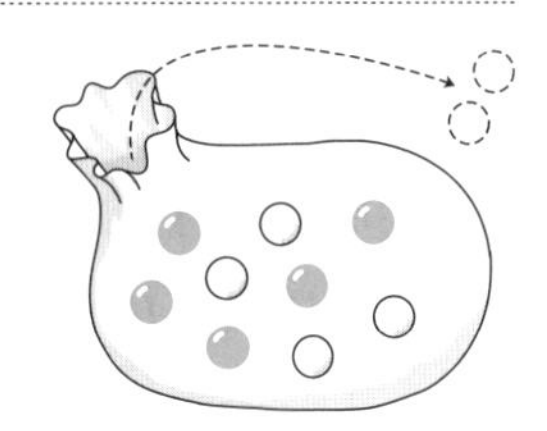

事象 $A$, $B$ の確率はそれぞれ

$$P(A) = \frac{{}_5\mathrm{C}_2}{{}_9\mathrm{C}_2} = \frac{10}{36}, \quad P(B) = \frac{{}_4\mathrm{C}_2}{{}_9\mathrm{C}_2} = \frac{6}{36}$$

$A$ と $B$ は互いに排反であるから，求める確率は

$$P(A \cup B) = P(A) + P(B) = \frac{10}{36} + \frac{6}{36} = \frac{16}{36} = \boldsymbol{\frac{4}{9}}$$

**練習 7** 男子 10 人，女子 6 人の合計 16 人の中から，2 人の委員を選ぶとき，同性が選ばれる確率を求めよ。

**練習 8** 当たりくじが 3 本入っている 10 本のくじから，2 本のくじを同時に引くとき，2 本とも当たるか 2 本ともはずれる確率を求めよ。

一般に，3 つ以上の事象についても，それらのどの 2 つの事象も互いに排反である場合には，確率の加法定理が成り立つ。

たとえば，事象 $A$, $B$, $C$ のどの 2 つの事象も互いに排反であるとき

$$\boldsymbol{P(A \cup B \cup C) = P(A) + P(B) + P(C)}$$

が成り立つ。

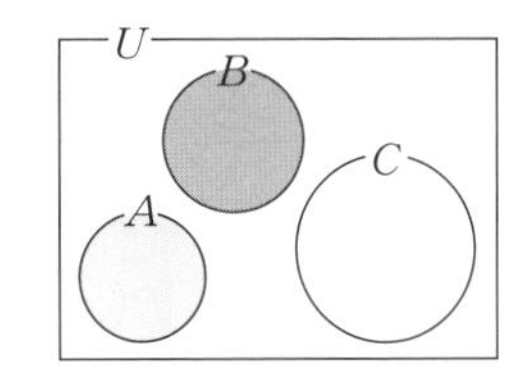


**練習 9** 赤球 4 個，白球 3 個，黒球 2 個が入っている袋から，2 個の球を同時に取り出すとき，次の確率を求めよ。

(1) 2 個とも同じ色である確率　　(2) 2 種類の色が出る確率

## 4 一般の和事象の確率

2つの事象 $A$, $B$ が排反事象でないとき，2つの集合 $A$, $B$ の要素の個数について

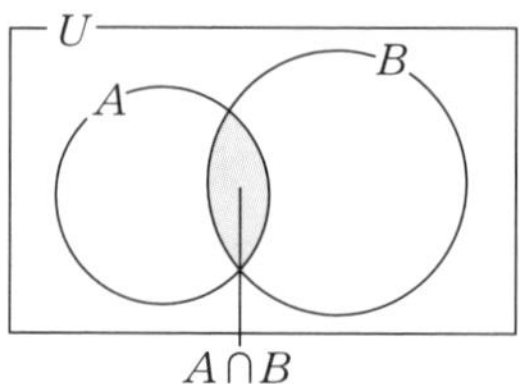


$$n(A\cup B)=n(A)+n(B)-n(A\cap B)$$

である。

この両辺を $n(U)$ で割ると次の式が成り立つ。

$$\boldsymbol{P(A\cup B)=P(A)+P(B)-P(A\cap B)}$$

これを一般の場合の **加法定理** という。

（$A$, $B$ が排反のときの加法定理は $P(A\cap B)=0$ の場合である。）

**例題 3** 1から100までの番号が書かれた100枚のカードがある。この中から1枚のカードを引くとき，カードの番号が2の倍数または3の倍数である確率を求めよ。

**解** 「2の倍数である」事象を $A$,

「3の倍数である」事象を $B$

とすると，求める確率は $P(A\cup B)$ である。

ここで　$A=\{2,\ 4,\ 6,\ \cdots,\ 100\}$　　← $2\times1,\ 2\times2,\ \cdots,\ 2\times50$

　　　　$B=\{3,\ 6,\ 9,\ \cdots,\ 99\}$　　← $3\times1,\ 3\times2,\ \cdots,\ 3\times33$

また　$A\cap B=\{6,\ 12,\ 18,\ \cdots,\ 96\}$　　← $6\times1,\ 6\times2,\ \cdots,\ 6\times16$

であるから　$n(A)=50,\ n(B)=33,\ n(A\cap B)=16$

よって　$P(A)=\dfrac{50}{100},\ P(B)=\dfrac{33}{100},\ P(A\cap B)=\dfrac{16}{100}$

ゆえに，求める確率は

$$P(A\cup B)=P(A)+P(B)-P(A\cap B)$$
$$=\frac{50}{100}+\frac{33}{100}-\frac{16}{100}=\boldsymbol{\frac{67}{100}}$$

**練習10** 例題3において，1枚のカードを引くとき，カードの番号が6の倍数または8の倍数である確率を求めよ。

## 5 余事象の確率

事象 $A$ に対して,「$A$ が起こらない」という事象を $A$ の **余事象** といい $\overline{A}$ で表す。

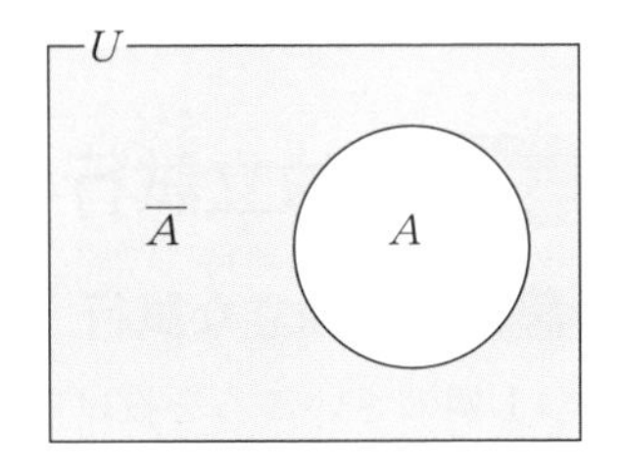


この余事象は,全事象 $U$ の部分集合 $A$ の補集合 $\overline{A}$ で表される。

事象 $A$ と余事象 $\overline{A}$ は $A\cap\overline{A}=\varnothing$ であるから,互いに排反である。

よって,確率の加法定理により

$$P(A\cup\overline{A})=P(A)+P(\overline{A})$$

ここで,$A\cup\overline{A}=U$ であるから　$P(A\cup\overline{A})=P(U)=1$

ゆえに　$\boldsymbol{P(A)+P(\overline{A})=1}$

このことから,余事象の確率について次のことが成り立つ。

**余事象の確率**

$$\boldsymbol{P(\overline{A})=1-P(A)}$$

**例題 4**　20本のくじの中に当たりくじが4本ある。この中から3本のくじを同時に引くとき,少なくとも1本が当たる確率を求めよ。

**解**　「少なくとも1本が当たる」という事象は「3本ともはずれる」という事象 $A$ の余事象 $\overline{A}$ である。

3本ともはずれる確率 $P(A)$ は

$$P(A)=\frac{{}_{16}\mathrm{C}_3}{{}_{20}\mathrm{C}_3}=\frac{28}{57}$$

よって,求める確率は　$P(\overline{A})=1-P(A)=1-\dfrac{28}{57}=\boldsymbol{\dfrac{29}{57}}$

**練習11**　赤球5個と白球3個が入っている袋から,3個の球を同時に取り出すとき,次の確率を求めよ。

(1)　少なくとも1個は白球である確率

(2)　少なくとも1個は赤球である確率

# ◆2◆ いろいろな確率の計算

## 1 独立試行とその確率

### 1 独立な試行

1個のさいころを投げる試行と1枚の硬貨を投げる試行において，さいころの目の出方と硬貨の表裏の出方は無関係で，一方が他方に影響されない。このように，2つの試行の結果が互いに他方の試行の結果に影響を及ぼさないとき，2つの試行は **互いに独立** であるという。

**例1** 赤球2個と白球1個が入っている袋から，A，Bの2人が順に球を1個ずつ取り出す試行について考える。

(I) Aが1個の球を取り出す試行を $T_1$ とし，Aが取り出した球を袋に戻してから，Bが1個の球を取り出す試行を $T_2$ とする。このとき，Aが取り出した球は袋に戻され，袋の中は最初の状態に復元される。すなわち，試行 $T_1$ の結果は試行 $T_2$ の結果に影響を及ぼさないから試行 $T_1$ と試行 $T_2$ は独立である。

(II) Aが1個の球を取り出す試行を $T_1$ とし，Aが取り出した球を袋に戻さないで，Bが1個の球を取り出す試行を $T_2$ とする。このとき，Aが取り出した結果により，袋の中の構成が変化する。すなわち，試行 $T_1$ の結果は試行 $T_2$ の結果に影響を及ぼすから，試行 $T_1$ と試行 $T_2$ は独立ではない。

**練習1** 次の2つの試行 $T_1$ と $T_2$ は独立であるか。

(1) 1個のさいころを2回続けて投げるとき，1回目に投げる試行を $T_1$，2回目に投げる試行を $T_2$ とする。

(2) 当たりくじが3本入っている10本のくじから，A，Bの2人が順に1本ずつくじを引く試行をそれぞれ $T_1$，$T_2$ とする。ただし，引いたくじはもとに戻さないものとする。

## 2　独立な試行の確率

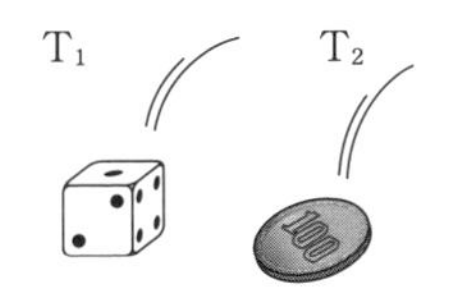


　1 個のさいころを投げる試行 $T_1$ において

　「1 または 2 の目が出る」事象を $A$,

1 枚の硬貨を投げる試行 $T_2$ において

　「表が出る」事象を $B$

とする。

　$T_1$, $T_2$ を続けて行うとき, $A$ と $B$ がともに起こる確率 $p$ を求めてみよう。

| $T_1$ ＼ $T_2$ | | $B$ 表 | $\overline{B}$ 裏 |
|---|---|---|---|
| $A$ | 1 | (1, 表) | (1, 裏) |
| | 2 | (2, 表) | (2, 裏) |
| $\overline{A}$ | 3 | (3, 表) | (3, 裏) |
| | 4 | (4, 表) | (4, 裏) |
| | 5 | (5, 表) | (5, 裏) |
| | 6 | (6, 表) | (6, 裏) |

　2 つの試行 $T_1$, $T_2$ は, 互いに独立である。この 2 つを合わせた試行の根元事象の数は右の表のさいころの目と硬貨の表裏の組合せである。したがって,

$$n(U) = 6 \times 2 = 12$$

であり, いずれも同様に確からしい。

　このうち, 事象 $A$, $B$ がともに起こる場合は

$$n(A \cap B) = 2 \times 1 = 2 \text{（通り）}$$

ある。

　よって, $T_1$, $T_2$ を続けて行うとき, $A$ と $B$ がともに起こる確率 $p$ は

$$p = \frac{n(A \cap B)}{n(U)} = \frac{2 \times 1}{6 \times 2} = \frac{1}{6}$$

この確率 $p$ は

$$p = \frac{2}{6} \times \frac{1}{2}$$

と変形できる。

　すなわち, $p$ は次の 2 つの確率

　　試行 $T_1$ において事象 $A$ が起こる確率 $\frac{2}{6}$ と,

　　試行 $T_2$ において事象 $B$ が起こる確率 $\frac{1}{2}$

の積になっている。

一般に，次のことが成り立つ。

**独立な試行の確率**

互いに独立な 2 つの試行 $T_1$，$T_2$ において，$T_1$ で事象 $A$ が起こる確率を $P(A)$，$T_2$ で事象 $B$ が起こる確率を $P(B)$ とすると，$T_1$ で事象 $A$，$T_2$ で事象 $B$ が起こる確率 $p$ は

$$\boldsymbol{p = P(A) \cdot P(B)}$$

**例題 1**　当たりくじ 2 本を含む 10 本のくじがある。この中から 1 本ずつ 2 回続けてくじを引く。2 本とも当たりくじである確率を求めよ。ただし，引いたくじはもとに戻すものとする。

**解**　最初にくじを 1 本引く試行を $T_1$ とし，試行 $T_1$ で当たりくじが出る事象を $A$ とする。

くじをもとに戻してもう 1 本引く試行を $T_2$ とし，試行 $T_2$ で当たりくじが出る事象を $B$ とすると

$$P(A) = \frac{2}{10} = \frac{1}{5}$$

$$P(B) = \frac{2}{10} = \frac{1}{5}$$

$T_1$ と $T_2$ は独立な試行であるから，2 本とも当たりくじである確率 $p$ は

$$p = P(A) \cdot P(B)$$

$$= \frac{1}{5} \times \frac{1}{5} = \boldsymbol{\frac{1}{25}}$$

**練習 2**　赤球 3 個と白球 2 個が入っている袋 A と，赤球 4 個と白球 1 個が入っている袋 B がある。袋 A，B から球を 1 個ずつ取り出すとき，次の確率を求めよ。

(1)　袋 A から赤色を取り出し，袋 B から白色を取り出す確率

(2)　取り出した 2 個の球の色が同じである確率

(3)　取り出した 2 個の球の色が異なる確率

## 3 3つ以上の独立な試行

1個のさいころを3回続けて投げるとする。1回目にさいころを投げる試行の結果は，2回目に投げる試行の結果に影響を及ぼさない。

また，1回目，2回目と続けて投げる試行の結果も，3回目に投げる試行の結果に影響を及ぼさない。

このように3つの試行において，どの試行の結果も，他の試行の結果に影響を及ぼさないとき，これら3つの試行は **独立** であるという。

ここで，3つの独立な試行を $T_1$，$T_2$，$T_3$ とすると，試行 $T_1$ で事象 $A$ が起こり，試行 $T_2$ で事象 $B$ が起こり，試行 $T_3$ で事象 $C$ が起こる確率 $p$ について，次の等式が成り立つ。

$$p = P(A) \cdot P(B) \cdot P(C)$$

4つ以上の独立な試行の確率においても，同様の等式が成り立つ。

**例題 2**　1個のさいころを3回続けて投げるとき，1回目で3以上の目，2回目で4以上の目，3回目で5以上の目が出る確率を求めよ。

**解**　1回目に投げたとき，3以上の目が出る確率は $\dfrac{4}{6} = \dfrac{2}{3}$

2回目に投げたとき，4以上の目が出る確率は $\dfrac{3}{6} = \dfrac{1}{2}$

3回目に投げたとき，5以上の目が出る確率は $\dfrac{2}{6} = \dfrac{1}{3}$

であり，この3回の試行は互いに独立な試行である。

よって，求める確率は

$$\frac{2}{3} \times \frac{1}{2} \times \frac{1}{3} = \mathbf{\frac{1}{9}}$$

**練習3** (1)　1個のさいころを3回続けて投げるとき，3回とも5以上の目が出る確率を求めよ。

(2)　2枚の硬貨を同時に3回続けて投げるとき，1回目は2枚とも表，2回目は表と裏，3回目は少なくとも1枚は裏が出る確率を求めよ。

## 2 反復試行とその確率

さいころを続けて投げるときのように，1つの試行を同じ条件のもとで何回か繰り返し行うとき，各回の試行は互いに独立である。この一連の試行を **反復試行** という。

**例2** 1個のさいころを5回続けて投げるとき，1の目がちょうど2回出る確率を求めてみよう。

1の目が出ることを○，　1以外の目が出ることを×

で表すと，たとえば，

「1回目と4回目だけに1の目が出る」事象 $A$ は

○××○×

と表せる。また，各回の試行は互いに独立であるから

この事象 $A$ が起こる確率は

$$\frac{1}{6}\times\frac{5}{6}\times\frac{5}{6}\times\frac{1}{6}\times\frac{5}{6}=\left(\frac{1}{6}\right)^2\times\left(\frac{5}{6}\right)^3 \quad \cdots\cdots①$$

○の確率…$\frac{1}{6}$

×の確率…$\frac{5}{6}$

1個のさいころを5回続けて投げるとき，1の目がちょうど2回出る事象は，右の表のように，2個の○と3個の×の計5個の並べ方で表される。

| 1回目 | 2回目 | 3回目 | 4回目 | 5回目 |
| --- | --- | --- | --- | --- |
| ○ | ○ | × | × | × |
| ○ | × | ○ | × | × |
| ○ | × | × | ○ | × |
| ○ | × | × | × | ○ |
| × | ○ | ○ | × | × |
| × | ○ | × | ○ | × |
| × | ○ | × | × | ○ |
| × | × | ○ | ○ | × |
| × | × | ○ | × | ○ |
| × | × | × | ○ | ○ |

（以上 ${}_5C_2$ 通り）

よって，それらの事象は

${}_5C_2=10$ 通り

ある。この10通りのそれぞれの事象の起こる確率は上の①に等しく，どの2つの事象も互いに排反であるから，

求める確率は

$${}_5C_2\left(\frac{1}{6}\right)^2\left(\frac{5}{6}\right)^3=10\times\frac{125}{7776}$$

$$=\frac{625}{3888}$$

一般に，次のことが成り立つ。

**反復試行の確率**

1つの試行Tにおいて，事象 $A$ の起こる確率を $p$ とする。試行Tを $n$ 回繰り返すとき，事象 $A$ がちょうど $r$ 回起こる確率は

$${}_n\mathrm{C}_r p^r q^{n-r} \qquad \text{ただし，} q = 1 - p$$

**練習4** 1個のさいころを5回続けて投げるとき，次の確率を求めよ。

(1) 偶数の目がちょうど2回出る確率

(2) 2以下の目がちょうど3回出る確率

**例題3** 赤球2個と白球1個が入っている袋から球を1個取り出し，色を調べてからもとに戻すことを5回続けて行うとき，次の確率を求めよ。

(1) 白球がちょうど3回出る。

(2) 5回目に3度目の白球が出る。

**解** (1) 1回の試行で，赤球が出る確率は $\frac{2}{3}$，白球が出る確率は $\frac{1}{3}$ であるから，5回のうち白球がちょうど3回出る確率は

$${}_5\mathrm{C}_3\left(\frac{1}{3}\right)^3\left(\frac{2}{3}\right)^2 = \mathbf{\frac{40}{243}}$$

(2) 4回目までに白球がちょうど2回出て，5回目に3度目の白球が出ればよいから，その確率は

$${}_4\mathrm{C}_2\left(\frac{1}{3}\right)^2\left(\frac{2}{3}\right)^2 \times \frac{1}{3} = \mathbf{\frac{8}{81}}$$

**練習5** 1，2，3，4の数が1つずつ書かれた4枚のカードから1枚を引き，数字を確認してからもとに戻す試行を繰り返すとき，次の確率を求めよ。

(1) 試行を4回繰り返すとき，1のカードを3回引く確率

(2) 試行を5回繰り返すとき，1のカードを3回引く確率

(3) 試行を5回繰り返すとき，5回目に3度目の1のカードを引く確率

# 3 条件付き確率

## 1 条件付き確率

**例3** 社員 100 人の会社で，通勤に電車を利用している人数を調査したところ，右の表のような結果が得られた。この会社で無作為に 1 人を選んだところ，選ばれた人が男性であることがわかったとき，その人が電車を利用している確率を求めてみよう。いま選ばれた人が男性であったとすると，男性 40 人の中のだれかである。この 40 人の中で，電車を利用している人は 33 人いるから，求める確率は $\dfrac{33}{40}$ となる。

| | 電車を利用している $B$ | 電車を利用していない $\overline{B}$ | 計 |
|---|---|---|---|
| 男性 $A$ | 33 | 7 | 40 |
| 女性 $\overline{A}$ | 21 | 39 | 60 |
| 計 | 54 | 46 | 100 |

上の例 3 において，「男性である」という事象を $A$，「電車を利用している」という事象を $B$ とすると，「男性で電車を利用している」という事象は $A \cap B$ である。

一般に，全事象 $U$ の中の 2 つの事象 $A$，$B$ について，事象 $A$ が起こったときに事象 $B$ が起こる確率を，事象 $A$ が起こったときの事象 $B$ が起こる **条件付き確率** といい，$P_A(B)$ で表す。すなわち

$$P_A(B) = \frac{n(A \cap B)}{n(A)}$$

この確率は，事象 $A$ を新たに全事象としたときの事象 $A \cap B$ の確率と考えることができる。

**練習6** 例 3 において，選ばれた人が電車を利用していないことがわかったとき，その人が女性である確率を求めよ。

**例4** 青球３個（❶，❷，❸）と白球２個（①，②）が入っている袋から，球を１個ずつもとに戻さないで２回続けて取り出す。この試行で１回目に青球が出たとき，２回目にも青球が出る条件付き確率を求めてみよう。

１回目に青球が出る事象を $A$，２回目に青球が出る事象を $B$ とする。

事象 $A$ については

１回目の青球の取り出し方は❶，❷，❸のいずれかの３通り

そのそれぞれについて

２回目の球の取り出し方は１回目に取り出された青球以外の４個から１球を取り出すから４通り

よって

$$n(A)=3\times4$$

このうち，２回続けて青球が取り出される場合の数は

$$n(A\cap B)=3\times2$$

ゆえに，求める確率は

$$P_A(B)=\frac{n(A\cap B)}{n(A)}=\frac{3\times2}{3\times4}=\frac{1}{2}$$

$U$

４通り

| | $A\cap B$ | | | $A$ | |
|---|---|---|---|---|---|
| ３通り | | (❶❷) | (❶❸) | (❶①) | (❶②) |
| | (❷❶) | | (❷❸) | (❷①) | (❷②) |
| | (❸❶) | (❸❷) | | (❸①) | (❸②) |
| $B$ | (①❶) | (①❷) | (①❸) | | (①②) |
| | (②❶) | (②❷) | (②❸) | (②①) | |

この試行において，１回目に青球が出たとき，どの青球が出たとしても袋の中には青球２個と白球２個が残っているから，２回目に青球が出る確率は

$$P_A(B)=\frac{2}{4}=\frac{1}{2}$$

として計算してもよい。

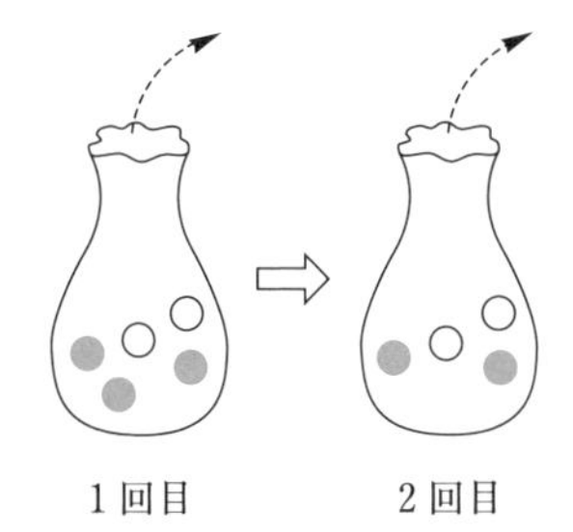


**練習7** 例４の試行において，次の確率を求めよ。

(1) １回目に青球が出たとき，２回目に白球が出る確率

(2) １回目に白球が出たとき，２回目にも白球が出る確率

## 2 乗法定理

試行Tにおける全事象を $U$，2つの事象を $A$，$B$ とすると

$$P(A)=\frac{n(A)}{n(U)},\quad P(A\cap B)=\frac{n(A\cap B)}{n(U)}$$

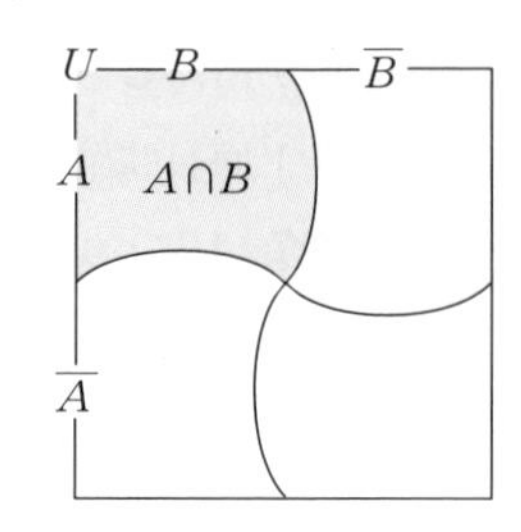


であるから，条件付き確率 $P_A(B)$ について

$$P_A(B)=\frac{n(A\cap B)}{n(A)}=\frac{\dfrac{n(A\cap B)}{n(U)}}{\dfrac{n(A)}{n(U)}}=\frac{P(A\cap B)}{P(A)}$$

が成り立つ。これより，次の乗法定理が得られる。

**乗法定理**

$$\boldsymbol{P(A\cap B)=P(A)\cdot P_A(B)}$$

**例題 4** 青球3個と白球5個が入っている袋から，球を1個ずつもとに戻さないで2回続けて取り出すとき，2回とも白球が出る確率を求めよ。

**解** 1回目に白球が出る事象を $A$，

2回目に白球が出る事象を $B$

とすると，

2回とも白球が出る事象

は $A\cap B$ である。ここで

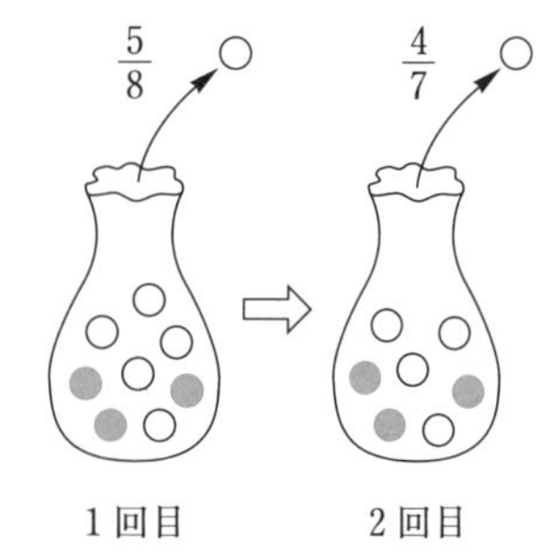


$$P(A)=\frac{5}{8},\quad P_A(B)=\frac{4}{7}$$

であるから，求める確率は

$$P(A\cap B)=P(A)\times P_A(B)=\frac{5}{8}\times\frac{4}{7}=\boldsymbol{\frac{5}{14}}$$

**練習 8** 例題4において，次の確率を求めよ。

(1) 2回目にはじめて青球が出る。　　(2) 2回目に青球が出る。

## 3 事象の独立と従属

1つのさいころを投げる試行で，

偶数の目が出る事象を $A$，

4以下の目が出る事象を $B$，

5以下の目が出る事象を $C$

とすると

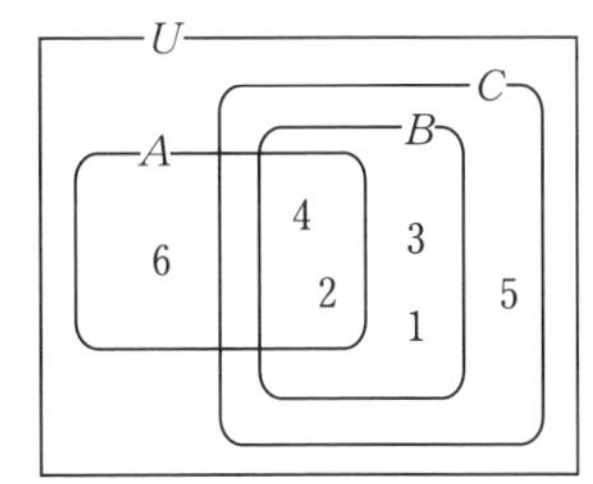


$$P(B)=\frac{4}{6}=\frac{2}{3},\quad P(C)=\frac{5}{6}$$

$$P_A(B)=\frac{2}{3},\qquad P_A(C)=\frac{2}{3}$$

であるから $P_A(B)=P(B)$ であるが $P_A(C)\neq P(C)$ となる。

一般に，2つの事象 $A$，$B$ について

$$P_A(B)=P(B),\quad P_B(A)=P(A)$$

が成り立つとき，事象 $A$，$B$ は **独立** であるという。

このとき，事象 $A$，$B$ の一方の事象の起こることが，他方の事象の起こる確率に影響を与えていない。

また，事象 $A$，$B$ が独立でないとき，事象 $A$，$B$ は **従属** であるという。

ところで，2つの事象 $A$，$B$ について，乗法定理から

$$P(A\cap B)=P(A)\cdot P_A(B)$$

$$P(B\cap A)=P(B)\cdot P_B(A)$$

ここで，$P(A\cap B)=P(B\cap A)$ であるから

$$P_A(B)=P(B)\iff P_B(A)=P(A)$$

一般に，事象の独立について次のことが成り立つ。

**事象の独立**

**2つの事象 $A$，$B$ が独立 $\iff$ $P(A\cap B)=P(A)\cdot P(B)$**

**例5** 1から10までの数字が1つずつ書いてある10枚の番号札から，1枚引くとき

奇数である事象を $A$,

3の倍数である事象を $B$,

5の倍数である事象を $C$

とする。

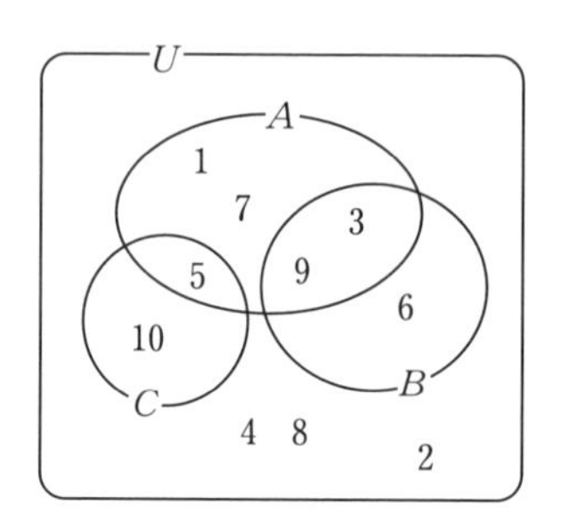


このとき

$$P(A\cap B)=\frac{2}{10}=\frac{1}{5},$$

$$P(A)\cdot P(B)=\frac{5}{10}\times\frac{3}{10}=\frac{3}{20}$$

であるから

$$P(A\cap B)\neq P(A)\cdot P(B)$$

である。

よって，事象 $A$ と $B$ は従属である。

また

$$P(A\cap C)=\frac{1}{10}$$

$$P(A)\cdot P(C)=\frac{5}{10}\times\frac{2}{10}=\frac{1}{10}$$

であるから

$$P(A\cap C)=P(A)\cdot P(C)$$

が成り立つ。

よって，事象 $A$ と $C$ は独立である。

**練習9** 1個のさいころを投げるとき，奇数の目が出る事象を $A$，3以下の目が出る事象を $B$，4または5の目が出る事象を $C$ とする。このとき，次の2つの事象は独立であるか，従属であるか調べよ。

(1) 事象 $A$ と $B$　　(2) 事象 $A$ と $C$

## 4 いろいろな確率の計算

これまでに学んだことがらを用いて，いろいろな事象の確率を求めてみよう。

**例題 5** 3本の当たりくじを含む10本のくじがある。a，bの2人がこの順にくじを引くとき，a，bそれぞれの当たる確率を求めよ。ただし，引いたくじはもとに戻さないものとする。

**解** aが当たりくじを引く事象を$A$，bが当たりくじを引く事象を$B$とする。
aが当たりくじを引く確率は

$$P(A)=\frac{3}{10}$$

事象$B$は，aが当たりでbも当たりである事象$A\cap B$と，aがはずれでbが当たりである事象$\overline{A}\cap B$の和事象である。

$$P(A\cap B)=P(A)\cdot P_A(B)=\frac{3}{10}\times\frac{2}{9}=\frac{6}{90}$$

$$P(\overline{A}\cap B)=P(\overline{A})\cdot P_{\overline{A}}(B)=\frac{7}{10}\times\frac{3}{9}=\frac{21}{90}$$

事象$A\cap B$と事象$\overline{A}\cap B$は互いに排反であるから，bが当たりくじを引く確率は

$$P(B)=P(A\cap B)+P(\overline{A}\cap B)$$
$$=\frac{6}{90}+\frac{21}{90}=\frac{27}{90}=\frac{3}{10}$$

よって，a，bの当たる確率はともに $\boldsymbol{\frac{3}{10}}$ である。

**練習10** 5本の当たりくじを含む25本のくじがある。a，bの2人がこの順にくじを引くとき，次の確率を求めよ。

(1) aが当たり，bがはずれる確率

(2) a，bの2人ともはずれる確率

(3) a，bのうち少なくとも1人が当たる確率

**例題 6** 青球が3個と白球が2個入っている袋Aと青球が2個と白球が1個入っている袋Bがある。いま，袋Aから1個の球を取り出して袋Bに入れ，よく混ぜたのち袋Bから1個の球を取り出して袋Aに入れる。このとき，袋Aの青球，白球の個数が最初と同じである確率を求めよ。

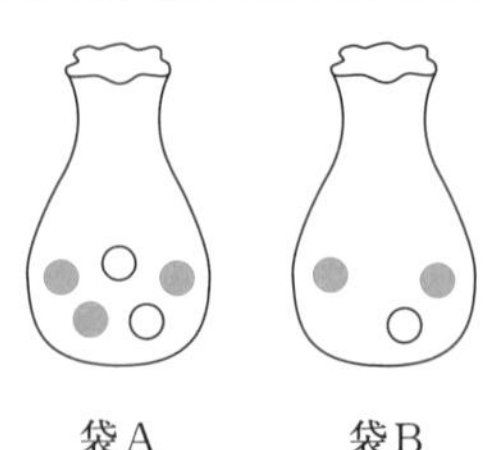


**解** 袋Aの青球，白球の個数が最初と同じになるのは

(i) 袋Aから青球を取り出して，袋Bからも青球を取り出す。

(ii) 袋Aから白球を取り出して，袋Bからも白球を取り出す。

のいずれかのときである。

(i)のとき　袋Aから青球を取り出す確率は $\frac{3}{5}$，その青球を袋Bに入れたのち，袋Bから青球を取り出す確率は $\frac{3}{4}$

よって，事象(i)の確率は　$\frac{3}{5}\times\frac{3}{4}=\frac{9}{20}$

(ii)のとき　袋Aから白球を取り出す確率は $\frac{2}{5}$，その白球を袋Bに入れたのち，袋Bから白球を取り出す確率は $\frac{2}{4}$

よって，事象(ii)の確率は　$\frac{2}{5}\times\frac{2}{4}=\frac{4}{20}$

事象(i)と事象(ii)は互いに排反であるから，求める確率は

$$\frac{9}{20}+\frac{4}{20}=\mathbf{\frac{13}{20}}$$

**練習11** 赤球が1個と白球が1個入っている袋Aと赤球が2個と白球が3個入っている袋Bがある。いま，袋Aから1個の球を取り出して袋Bに入れ，よく混ぜたのち袋Bから1個の球を取り出して袋Aに入れる。このとき，袋Aが赤球だけか白球だけになる確率を求めよ。

**例題 7** ある製品は，a 工場で 60 %，b 工場で 40 %生産されていた。a 工場では 1 %，b 工場では 2 %の不合格品が出るという。この製品の中から 1 個を取り出して検査するとき，次の問いに答えよ。

(1) 取り出した製品が不合格品である確率を求めよ。

(2) 取り出した製品が不合格品であるとき，この製品が a 工場の製品である確率を求めよ。

**解** 取り出した 1 個の製品が，

a 工場の製品である事象を $A$，b 工場の製品である事象を $B$，

不合格品である事象を $C$

とすると

$$P(A)=\frac{60}{100}=\frac{3}{5},\quad P(B)=\frac{40}{100}=\frac{2}{5}$$

$$P_A(C)=\frac{1}{100},\quad P_B(C)=\frac{2}{100}$$

(1) 事象 $C$ は事象 $A\cap C$ と事象 $B\cap C$ の和事象で，

$A\cap C$ と $B\cap C$ は互いに排反であるから

$$\begin{aligned}P(C)&=P(A\cap C)+P(B\cap C)\\&=P(A)\times P_A(C)+P(B)\times P_B(C)\\&=\frac{3}{5}\times\frac{1}{100}+\frac{2}{5}\times\frac{2}{100}=\boldsymbol{\frac{7}{500}}\end{aligned}$$

(2) 求める確率は $P_C(A)$ であるから

$$P_C(A)=\frac{P(A\cap C)}{P(C)}=\frac{3}{5}\times\frac{1}{100}\div\frac{7}{500}=\boldsymbol{\frac{3}{7}}$$

**練習12** 例題 7 において，a 工場で 40 %，b 工場で 60 %生産したとき，次の問いに答えよ。ただし，不合格品の出る割合は変わらないものとする。

(1) 取り出した製品が合格品である確率を求めよ。

(2) 取り出した製品が合格品であるとき，この製品が b 工場の製品である確率を求めよ。

例題 7 で求めた確率を一般化してみよう。

全事象 $U$ が互いに排反である 2 つの事象 $A_1$, $A_2$ に分割されるとき，すなわち

$$A_1 \cap A_2 = \varnothing, \quad A_1 \cup A_2 = U$$

であるとき，任意の空事象でない事象 $B$ に関して，事象 $A_1 \cap B$, $A_2 \cap B$ は互いに排反で，その和事象は $B$ であるから

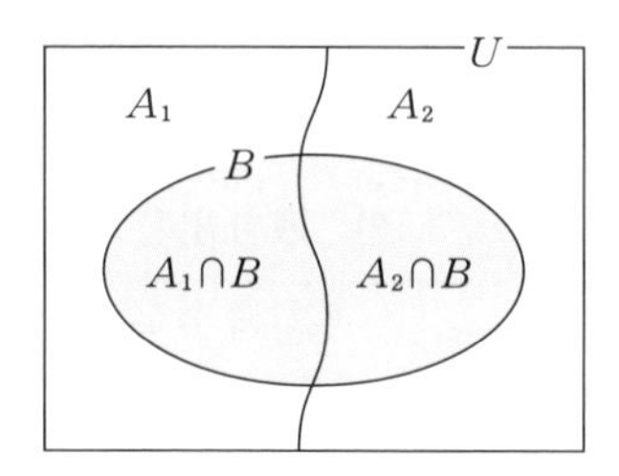


$$\begin{aligned} P(B) &= P(A_1 \cap B) + P(A_2 \cap B) \\ &= P(A_1)P_{A_1}(B) + P(A_2)P_{A_2}(B) \end{aligned}$$

よって，次の式が成り立つ。

$$P_B(A_1) = \frac{P(A_1 \cap B)}{P(B)} = \frac{P(A_1)P_{A_1}(B)}{P(A_1)P_{A_1}(B) + P(A_2)P_{A_2}(B)}$$

これを **ベイズの定理** という。

ここで，$P_B(A_1)$ は事象 $B$ が起こったことを知ったとき，その原因が事象 $A_1$ である確率を示している。この $P_B(A_1)$ を $B$ が起こったときの **事後確率** または **原因の確率** という。これに対して，事象 $B$ が起こる前に，原因となる事象 $A_1$ が起こる確率 $P(A_1)$ を **事前確率** という。

一般に，全事象 $U$ が，互いに排反な $A_1$, $A_2$, $\cdots$, $A_n$ に分割されるとき

$$\begin{aligned} P(B) &= P(A_1)P_{A_1}(B) + P(A_2)P_{A_2}(B) + \cdots + P(A_n)P_{A_n}(B) \\ &= \sum_{i=1}^{n} P(A_i)P_{A_i}(B) \end{aligned}$$

であるから，ベイズの定理は，次のようになる。

**ベイズの定理**

事象 $A_1$, $A_2$, $\cdots$, $A_n$ が互いに排反で $A_1 \cup A_2 \cup \cdots \cup A_n = U$ であるとき，任意の空でない事象 $B$ に関して

$$\boldsymbol{P_B(A_k) = \frac{P(A_k)P_{A_k}(B)}{\sum_{i=1}^{n} P(A_i)P_{A_i}(B)}} \quad (k=1, 2, \cdots, n)$$

**練習13** 袋 A には赤球 1 個，白球 3 個，袋 B には赤球 2 個，白球 2 個，袋 C には赤球 3 個，白球 1 個が入っている。この袋のうち，でたらめに 1 つの袋を選び，球を 1 個取り出すとき，赤球が取り出される確率を求めよ。また，取り出された赤球が，袋 A の赤球である確率を求めよ。

## 研究 確率と漸化式

確率を求める場合に，数列における漸化式を利用できる場合がある。

**例題** 1個のさいころを続けて $n$ 回投げて，1の目が奇数回出る確率を $p_n$ とするとき，次の問いに答えよ。

(1) $p_{n+1}$ を $p_n$ で表せ。　　(2) $p_n$ を求めよ。

**解** (1) $n$ 回投げて1の目が奇数回出る確率が $p_n$ であるから，偶数回出る確率は $1-p_n$ である。

したがって，$n+1$ 回投げて1の目が奇数回出る確率 $p_{n+1}$ は

$$p_{n+1}=\frac{1}{6}(1-p_n)+\frac{5}{6}p_n$$

よって　$\boldsymbol{p_{n+1}=\frac{2}{3}p_n+\frac{1}{6}}$

(2) 1回の試行で1の目が出る確率は $\frac{1}{6}$ であるから $p_1=\frac{1}{6}$

$$p_{n+1}=\frac{2}{3}p_n+\frac{1}{6} \text{ より } \quad p_{n+1}-\frac{1}{2}=\frac{2}{3}\left(p_n-\frac{1}{2}\right)$$

数列 $\left\{p_n-\frac{1}{2}\right\}$ は，初項 $p_1-\frac{1}{2}=\frac{1}{6}-\frac{1}{2}=-\frac{1}{3}$，公比 $\frac{2}{3}$ の等比数列である。

したがって　$p_n-\frac{1}{2}=-\frac{1}{3}\cdot\left(\frac{2}{3}\right)^{n-1}$

よって　$\boldsymbol{p_n=\frac{1}{2}-\frac{1}{3}\cdot\left(\frac{2}{3}\right)^{n-1}=\frac{1}{2}\left\{1-\left(\frac{2}{3}\right)^n\right\}}$

**演習1** [1]，[2]，[3]の3枚のカードの中から，でたらめに1枚取り出し，戻してから，また1枚を取り出すという操作を $n$ 回繰り返すとき，取り出したカードの数の合計が偶数である確率を $p_n$ とする。次の問いに答えよ。

(1) $p_{n+1}$ を $p_n$ の式で表せ。　　(2) $p_n$ を求めよ。

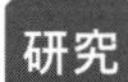

## 研究 反復試行の確率の最大値

**例題** 1つのさいころを100回投げるとき，1の目がちょうど$k$回出る確率を$p_k$とする。

(1) $p_k$，$p_{k+1}$ $(0 \leqq k \leqq 99)$ を求めよ。

(2) $p_k$を最大とする$k$の値を求めよ。

**解** (1) さいころを1回投げるとき

1の目が出る確率は $\frac{1}{6}$，1の目以外の目が出る確率は $\frac{5}{6}$

であるから，反復試行の確率より

$$p_k = {}_{100}\mathrm{C}_k\left(\frac{1}{6}\right)^k\left(\frac{5}{6}\right)^{100-k},\quad p_{k+1} = {}_{100}\mathrm{C}_{k+1}\left(\frac{1}{6}\right)^{k+1}\left(\frac{5}{6}\right)^{99-k}$$

(2) $p_k < p_{k+1}$ を満たす$k$の値の範囲を求める。

$$\frac{100!}{k!(100-k)!}\left(\frac{1}{6}\right)^k\left(\frac{5}{6}\right)^{100-k} < \frac{100!}{(k+1)!(99-k)!}\left(\frac{1}{6}\right)^{k+1}\left(\frac{5}{6}\right)^{99-k}$$

$$\frac{1}{100-k}\cdot\frac{5}{6} < \frac{1}{k+1}\cdot\frac{1}{6}$$

$$5(k+1) < 100-k$$

$6k < 95$ より $k < 15.8\cdots$

これより $p_k > p_{k+1}$ となる$k$の値の範囲は $k > 15.8\cdots$

よって，

$$p_0 < p_1 < p_2 < \cdots < p_{15} < p_{16} > p_{17} > \cdots > p_{99} > p_{100}$$

が成り立つ。

したがって，$p_k$を最大とする$k$の値は $\boldsymbol{k=16}$

**演習2** 1の目が3回出るまでさいころを投げるとき，$k$回目に3回目の1が出る確率を$p_k$とする。次の問いに答えよ。

(1) $p_k$，$p_{k+1}$ $(k \geqq 3)$ を求めよ。

(2) $p_k$を最大とする$k$の値を求めよ。

## 章末問題

**1.** 赤球7個と白球3個が入っている袋から，4個の球を同時に取り出すとき，次の確率を求めよ。

(1) 赤球2個と白球2個である確率

(2) 少なくとも1個が白球である確率

**2.** A，B，C，D，E，F，G，Hの8文字を横一列に並べるとき，次の確率を求めよ。

(1) 両端がA，Bである確率

(2) A，Bが隣り合う確率

(3) AはBより左にあり，BはCより左にある確率

**3.** 赤球3個と白球6個が入っている袋から，3個の球を取り出すとき，赤球が1個，白球が2個となる確率を次の場合について求めよ。

(1) 3個の球を同時に取り出す場合

(2) 1個ずつ3回球を取り出し，取り出した球はそのつど色を確認して袋の中に戻す場合

(3) 1回目に1個の球を取り出し，色を確認して袋の中に戻す。2回目に2個の球を同時に取り出す場合

**4.** A，Bの2人があるゲームをする。1回のゲームでAが勝つ確率は $\frac{2}{3}$ で，Bが勝つ確率は $\frac{1}{3}$ であり，先に3ゲーム勝った方を優勝とする。このとき，ちょうど5回目のゲームでAが優勝する確率を求めよ。

**5.** 右の図のように1辺の長さが1の正六角形がある。頂点Aに小石を置いて1枚の硬貨を投げ，表ならば3，裏ならば1だけ反時計まわりにこの正六角形の辺上に小石を進める。硬貨を6回投げたときに小石がちょうど頂点Aにくる確率を求めよ。

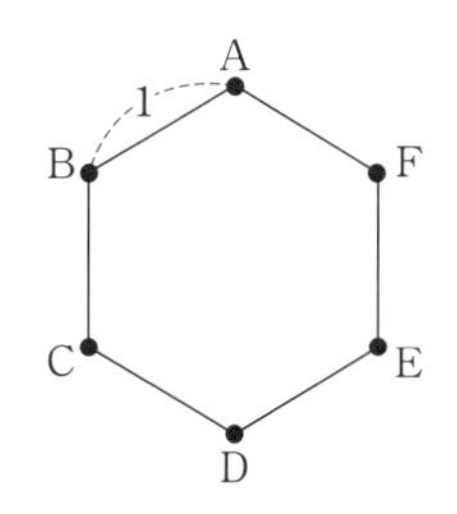

**6.** 赤球が2個と白球が1個入っている袋Aと，赤球が1個と白球が3個入っている袋Bがある。いま，袋Aから1個の球を取り出して袋Bに入れ，よく混ぜたのち，袋Bから1個の球を取り出して袋Aに入れる。このとき，袋Aの赤球の個数が袋Bの赤球の個数より多くなる確率を求めよ。

**7.** 3個のさいころを同時に投げるとき，次の確率を求めよ。

(1) 出る目の最大値が5以下である確率

(2) 出る目の最大値が5である確率

**8.** 数直線上の原点に点Pがある。1個のさいころを投げて，1または2の目が出たときには正の向きに1だけ進む。3または4の目が出たときには負の向きに1だけ進む。5または6の目が出たときには動かないものとする。このとき，次の確率を求めよ。

(1) さいころを2回投げたとき，点Pが原点にある確率

(2) さいころを5回投げたとき，点Pが原点にある確率

**9.** P社はある部品をa，b，cの各工場から5：4：1の割合で仕入れている。a，b，cで生産された部品はそれぞれ2％，3％，3％の割合で不良品が出るという。次の問いに答えよ。

(1) この部品を任意に1個取り出したとき，それが不良品である確率を求めよ。

(2) 取り出した不良品がa，b，cの工場で作られた確率をそれぞれ求めよ。

**10.** 5回に1回の割合で帽子を忘れるくせのあるK君が，a，b，cの3軒を順に回って家に帰ってきたとき，帽子を忘れてきたことに気がついた。このとき，2番目の家bに忘れてきた確率を求めよ。

# 第2章

# データの整理

…1…
1次元のデータ
…2…
2次元のデータ

統計学ほどいろいろな分野で，有力な手段として活用されているものは少ないだろう。

データの整理は統計学を学ぶ第一歩といえる。

実験や調査で集められたデータを整理し，その内容を特徴づける様々な数値を算定し，そこから全体の様子をつかむことができる。

# 1　1次元のデータ

## 1　データの整理

調査や実験によって得られた個々の値を **データ** という。データは，目的に応じて適切な処理を行うことが大切である。データの中で，四則演算ができる数量を表す変数を **変量** という。変量には回数や人数などのように，とびとびの値しかとらない **離散変量** と，身長や時間などのように，連続的な値をとる **連続変量** がある。

### 1　度数分布

次のデータは，ある学校の1年A組20人の生徒の握力を測定した結果である。

47.2　36.4　53.6　39.1　41.5　43.9　42.5　37.2　44.1　38.5
43.3　41.5　29.3　31.8　40.6　37.0　45.5　33.2　42.9　32.3　(kg)

右の表は，1年A組のデータを，5kgごとの区間に分けて，それぞれの区間に含まれる人数を中学校で学んだ度数分布表にまとめて整理したものである。

| 階級 (kg) 以上～未満 | 階級値 (kg) | 度数 (人) |
|---|---|---|
| 25～30 | 27.5 | 1 |
| 30～35 | 32.5 | 3 |
| 35～40 | 37.5 | 5 |
| 40～45 | 42.5 | 8 |
| 45～50 | 47.5 | 2 |
| 50～55 | 52.5 | 1 |
| 合計 | | 20 |

右の度数分布表のように，変量の値の範囲を互いに重ならない小区間に分けたとき，その区間を **階級** という。

また，各階級の中央の値をその階級の **階級値** といい，各階級の端点の値の差を **階級の幅** という。上の度数分布表の階級の幅は5kgである。さらに，各階級に含まれるデータの個数を **度数** という。

## 2 ヒストグラム

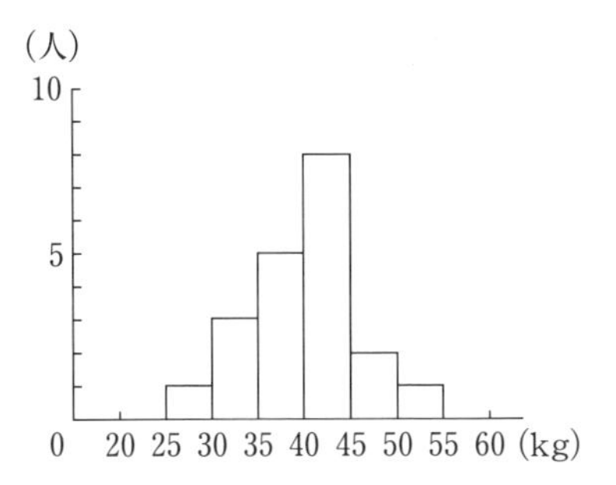


右の図は，前ページの度数分布表で

階級の幅を底辺

度数を高さ

とする長方形を順々にかいて度数の分布を表したものである。

このようなグラフを **ヒストグラム** または，**柱状グラフ** という。

また，右の図のように山が1つあるような分布を **単峰（たんぽう）な分布** という。

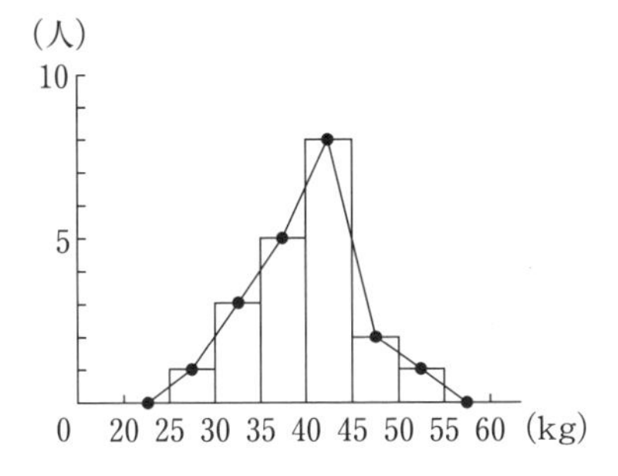


ヒストグラムにおいて，両端に度数0の階級があるものと考えて，一つ一つの長方形の上の辺の中点を順に線分で結ぶと，右の図のようなグラフができる。このようなグラフを **度数折れ線** または，**度数分布多角形** という。

度数折れ線では，折れ線と横軸で囲まれた図形の面積は，ヒストグラムの長方形の面積の総和に等しい。

注意 山が2つ以上ある分布を **多峰性の分布** といい，とくに2つの山の分布を **二峰性の分布** という。

**練習1** 次のデータは，ある学校の1年B組20人の生徒の握力を測定した結果である。25 kg 以上 30 kg 未満を階級の1つとして，階級の幅が5 kg の度数分布表を作り，ヒストグラムと度数折れ線をかけ。

32.5　40.6　47.2　36.2　50.6　49.7　45.5　39.1　48.1　42.8

38.5　53.2　34.7　44.3　28.5　42.1　41.2　43.1　30.5　40.1　(kg)

## 3 相対度数

度数分布表において，各階級の度数をデータ全体の個数で割った値をその階級の **相対度数** という。すなわち，次の式が成り立つ。

$$\text{ある階級の相対度数} = \frac{\text{その階級の度数}}{\text{全体の個数}}$$

一般に，相対度数は，異なる個数のデータを比較するときに使われることが多い。各階級に相対度数を対応させた表を **相対度数分布表** という。相対度数分布表では，各階級の相対度数の総和は1である。また，相対度数を用いた折れ線グラフを **相対度数折れ線** という。38ページのデータを相対度数分布表と相対度数折れ線で表すと次のようになる。

| 階級（kg）（以上～未満） | 1年A組 | |
|---|---|---|
| | 度数 | 相対度数 |
| 25～30 | 1 | 0.05 |
| 30～35 | 3 | 0.15 |
| 35～40 | 5 | 0.25 |
| 40～45 | 8 | 0.40 |
| 45～50 | 2 | 0.10 |
| 50～55 | 1 | 0.05 |
| 計 | 20 | 1 |

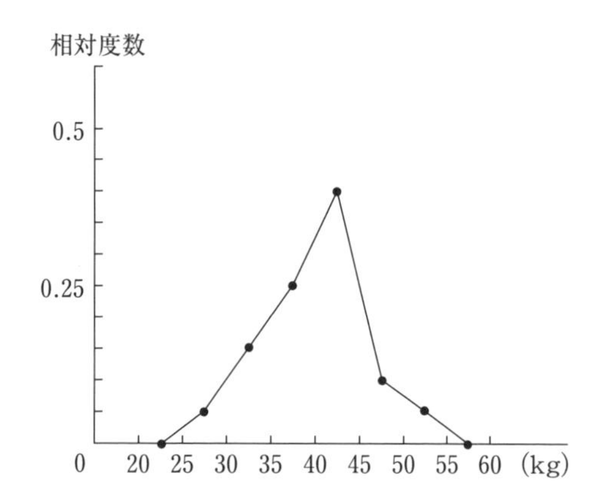


**練習2** 前ページ練習1のデータを利用して，1年B組の相対度数分布表を作れ。

## 4 累積度数と累積相対度数

度数分布表において，各階級までの度数を加えたものを **累積度数** という。また，相対度数分布表において，各階級までの相対度数を加えたものを **累積相対度数** という。

次のページの表1は，38ページのデータをもとにして，度数，相対度数，累積度数，累積相対度数をまとめた表である。

〈表1〉

| 階級（kg）（以上～未満） | 1年A組 | | | |
|---|---|---|---|---|
| | 度数 | 相対度数 | 累積度数 | 累積相対度数 |
| 25～30 | 1 | 0.05 | 1 | 0.05 |
| 30～35 | 3 | 0.15 | 4 | 0.20 |
| 35～40 | 5 | 0.25 | 9 | 0.45 |
| 40～45 | 8 | 0.40 | 17 | 0.85 |
| 45～50 | 2 | 0.10 | 19 | 0.95 |
| 50～55 | 1 | 0.05 | 20 | 1.00 |
| 計 | 20 | 1 | | |

上の表について，累積度数のヒストグラムを示すと，右の図のようになる。また，累積度数を折れ線で示すには，図のようにヒストグラムの1つ1つの長方形の右上の頂点を結ぶ。この折れ線を **累積度数折れ線** という。このとき，左端に度数0の階級があるものとする。

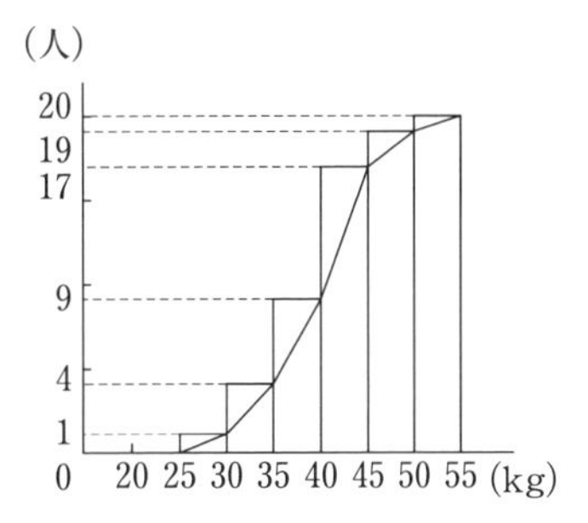


上の表について，各階級の累積相対度数を直線でつなぐと右のように折れ線になる。この折れ線を **累積相対度数折れ線** という。

このグラフから，たとえば，25 kg 以上 40 kg 未満に，0.45 すなわち，全体の 45 %のデータを含んでいることなどがわかる。

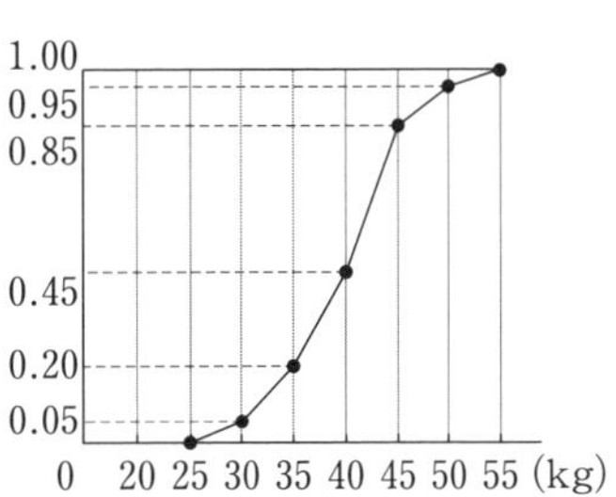


**練習3** 練習2において，表1のような表を完成させ，累積度数折れ線と累積相対度数折れ線をかけ。また，35 kg 以上 50 kg 未満に何名いるかを調べ，さらにそれが全体の何パーセントにあたるかを調べよ。

# 2 代表値

度数分布表やグラフなどを作成すれば，データ全体のようすを見ることができた。一方，データ全体の特徴を適当な1つの数値で表すことがある。

このような値を **代表値** といい，ここでは平均値，中央値，最頻値を取り上げる。

## 1 平均値

変量 $x$ のとる値が

$$x_1,\ x_2,\ x_3,\ \cdots\cdots,\ x_n$$

の $n$ 個あるとき，これらの値の総和を $n$ で割ったものを，変量 $x$ の **平均値** といい，$\overline{x}$ で表す。

すなわち，平均値 $\overline{x}$ は，次のようになる。

**平均値**

$$\overline{x}=\frac{1}{n}(x_1+x_2+x_3+\cdots+x_n)=\frac{1}{n}\sum_{i=1}^{n}x_i$$

注意　一般に，複数の変量の値やその度数を表すとき，$x$ や $f$ の文字の右下に数字を書いたりすることがある。

**例1**　次のデータは，生徒5人の通学時間を調べたものである。

10分　25分　15分　50分　40分

5人の通学時間の平均値は，次のようになる。

$$\frac{1}{5}(10+25+15+50+40)=\frac{140}{5}=28\ (分)$$

**練習4**　次のデータは，生徒7人の通学時間を調べたものである。7人の通学時間の平均値を求めよ。

10分　25分　60分　30分　45分　5分　35分

## 2 度数分布の平均値

右の表は，ある学校の1年A，B組の垂直跳びをクラス別に整理した度数分布表である。

| 垂直跳び(cm)<br>(以上～未満) | 階級値<br>(cm) | A組 | B組 |
|---|---|---|---|
| 30～40 | 35 | 2 | 2 |
| 40～50 | 45 | 5 | 4 |
| 50～60 | 55 | 8 | 6 |
| 60～70 | 65 | 3 | 6 |
| 70～80 | 75 | 2 | 2 |
| 計 | | 20 | 20 |

このとき，度数分布表からでは，各階級に入っているデータの個々の値はわからないので，すべて階級値をとるものと考えて平均値を計算する。

たとえば，A組の垂直跳びの平均値は，次のように計算する。

$$\frac{1}{20}(35\times 2+45\times 5+55\times 8+65\times 3+75\times 2)=54\ (\text{cm})$$

一般に，データが右のような度数分布表に整理されているとき，各階級に入るデータの値は，すべてそれらの階級の階級値と等しいものと考える。

| 階級値 $x$ | 度数 $f$ |
|---|---|
| $x_1$ | $f_1$ |
| $x_2$ | $f_2$ |
| $\vdots$ | $\vdots$ |
| $x_k$ | $f_k$ |
| 合計 | $n$ |

各階級のデータの合計は

(階級値)×(度数)

となる。

よって，度数分布の平均値は，次のようになる。

**度数分布からの平均値**

$$\begin{aligned}\bar{x}&=\frac{1}{n}(x_1f_1+x_2f_2+\cdots+x_kf_k)\\&=\frac{1}{n}\sum_{i=1}^{k}x_if_i\end{aligned}$$

注意 度数分布表から得られる平均値と，実際の個々のデータから得られる平均値は異なることが多いが，それほど大きな差はない。

**練習5** 上の度数分布表から，B組の垂直跳びの平均値を求めよ。

## 3 中央値

すべてのデータを大きさの順に並べたとき，その中央にくる値を **中央値** または **メジアン** といい，$Me$（median の略）で表す。

データが偶数個あるときには，中央に並ぶ 2 つの値の平均値を中央値とする。

度数分布表では，中央値がある階級の階級値を中央値とみなす。

また，累積相対度数では 0.5，すなわち 50 %にあたるところの値を中央値とする。

**例2**　次のデータはある学校の生徒 6 人の数学の試験の点数である。

49　64　58　59　51　97　（点）

データを小さい順に並べると

49　51　58　59　64　97

よって，中央値は 3 番目と 4 番目のデータの平均値

$$\frac{58+59}{2}=58.5$$

すなわち 58.5（点）である。

一般に，中央値が総データ $n$ 個の小さい方から数えて何番目にあるかを求めるとき，$n$ が奇数の場合は，次の式が成り立つ。

$$\textbf{中央値の位置}\quad \frac{n+1}{2}\ \textbf{（番目）} \quad \cdots\cdots ①$$

なお，$n$ が偶数の場合，たとえば，例 2 では，$n=6$ を①式に代入し

$$\frac{6+1}{2}=\frac{7}{2}=3.5$$

となるが，このときは，3 番目と 4 番目の平均値を考えればよい。

**練習6**　次のデータの中央値を求めよ。

(1)　10　20　20　30　40　60　60　70　90

(2)　10　15　20　25　35　40　40　45　90　95

前ページの例2において平均値を求めると

$$\frac{1}{6}(49+64+58+59+51+97)=63 \text{（点）}$$

であり，97点という高得点の1名が全体の平均点を上げていることがわかる。

一般に，データ全体の中で，他のデータの値に比べて極端に大きかったり小さかったりする少数のデータの値のことを **外れ値** という。

平均値は，全部のデータを使っているので，外れ値があるデータでは，その影響を大きく受けやすい。このような場合，平均値の63点よりも中央値の58.5点の方がデータの代表値としてふさわしい。

## 4 最頻値

変量の値のうちで度数が最大である値を **最頻値** または **モード** といい，$Mo$（mode の略）で表す。

度数分布表では，度数が最も大きい階級の階級値を最頻値とみなす。

最頻値は1つとは限らず，2つ以上ある場合もある。

なお，最頻値は中央値と同様に外れ値の影響を受けにくい。

最頻値は，靴のサイズや既製服など，最も売れ行きのよいサイズを知りたいときに使われていることが多い。

**例3** 次のデータは，ある会社の男性社員50人の靴の大きさである。

| 大きさ(cm) | 24.5 | 25.0 | 25.5 | 26.0 | 26.5 | 27.0 | 27.5 | 28.0 | 28.5 | 計 |
|---|---|---|---|---|---|---|---|---|---|---|
| 人数 | 2 | 3 | 5 | 7 | 13 | 11 | 6 | 2 | 1 | 50 |

上の表から最頻値は26.5（cm）である。

**練習7** 次のデータの最頻値を求めよ。

(1) 15 28 30 30 30 33 45 50

(2) 12 14 16 16 16 18 19 20 20 20 21

## 5 代表値の性質

一般に，ヒストグラムの形と平均値 $\overline{x}$，中央値 $Me$，最頻値 $Mo$ の大小関係は，次のようになる傾向がある。

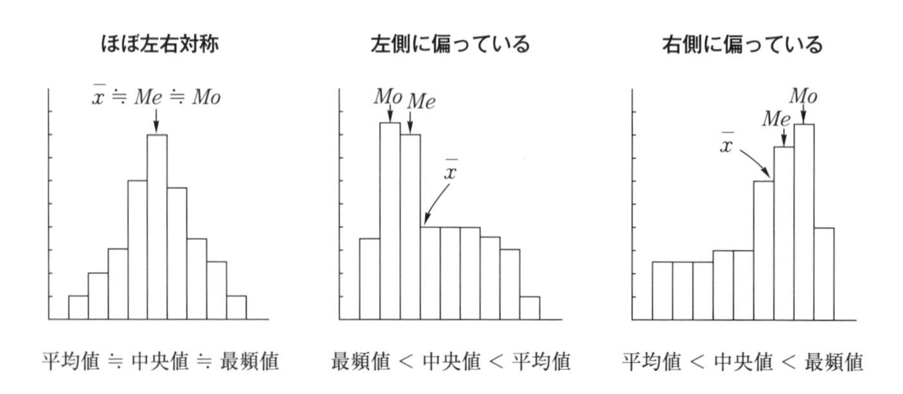


次の表は，平均値，中央値，最頻値の性質についてまとめたものである。

**平均値，中央値，最頻値の性質**

| | |
|---|---|
| 平均値 | ・すべてのデータを用いるため，データのもつ情報を有効に活用している。<br>・つねに1つだけ存在する。<br>・外れ値の影響を受けやすい。 |
| 中央値 | ・外れ値の影響を受けにくい*。<br>・つねに1つだけ存在する。<br>・多くのデータは，並べ替えのためだけに使われており，個々の数値は，代表値に直接反映されないことが多い。 |
| 最頻値 | ・外れ値の影響を受けにくい*。<br>・最頻値が複数ある場合がある。 |

*外れ値の影響を受けにくいという性質を，**抵抗性がある** という。
つまり，中央値と最頻値は，抵抗性がある値である。

あるデータの代表値として，平均値，中央値，最頻値のどれがふさわしいかは，上の性質を理解し判断しなければならない。

# 3 四分位数と箱ひげ図

## 1 四分位数

データの最大値と最小値の差を **範囲** という。範囲はデータの中に極端に離れた値があると大きく変わるので，影響を受けにくい散らばりの度合いを考えよう。

データを小さい順に並べたとき，データ全体を 4 等分する位置にくる値を **四分位数** という。四分位数は小さい方から順に **第 1 四分位数，第 2 四分位数**（**中央値**），**第 3 四分位数** といい，それぞれ $Q_1$，$Q_2$，$Q_3$ で表す。

四等分する位置にデータがない場合は，その前後のデータの平均値とする。

データの大きさが奇数の場合は中央の値が $Q_2$ になり，偶数の場合はデータの下半分の最大値と上半分の最小値との平均値が $Q_2$ になる。

**例 4** (1) データの数が 11 の場合

1　3　5 ($Q_1$)　6　6　9 ($Q_2$)　10　13　14 ($Q_3$)　17　18

第 1 四分位数は　$Q_1 = 5$

第 2 四分位数は　$Q_2 = 9$

第 3 四分位数は　$Q_3 = 14$

(2) データの数が 12 の場合

4　5　6　8　9　9　10　11　12　14　16　17

$\frac{6+8}{2} = 7$　$\frac{9+10}{2} = 9.5$　$\frac{12+14}{2} = 13$

第 1 四分位数は　$Q_1 = 7$

第 2 四分位数は　$Q_2 = 9.5$

第 3 四分位数は　$Q_3 = 13$

**練習 8**　次のデータの $Q_1$，$Q_2$，$Q_3$ をそれぞれ求めよ。

(1) 2　3　3　5　6　7　8　9　12　15　17　18　20

(2) 1　2　4　5　7　8　9　11　11　12　13　14　17　19

## 2 箱ひげ図

データの最小値，第 1 四分位数，中央値，第 3 四分位数，最大値の 5 つの数値でデータを要約することを **5 数要約** という。

5 数要約は，下の図のような **箱ひげ図** で表すことができる。

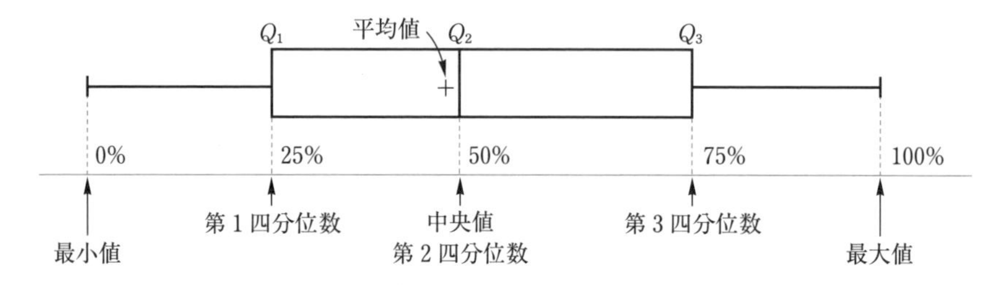


なお，箱ひげ図は縦に表してもよい。また，平均値を記入することもある。

**例5** 例 4 (1) のデータを箱ひげ図で表すと次のようになる。

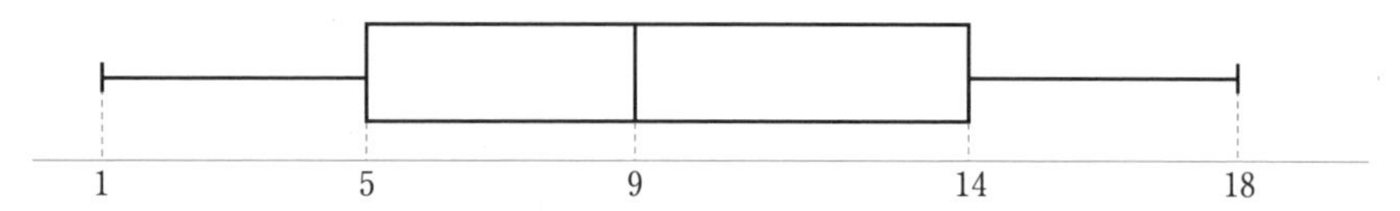


第 1 四分位数と第 3 四分位数の間には，全データの約 50 %が含まれている。また，第 3 四分位数と第 1 四分位数の差 $Q_3-Q_1$ を **四分位範囲** という。

四分位範囲から，中央値を基準にしたデータの散らばりの度合い（中央値への密集度）がわかる。

**例6** 例 4 のデータの四分位範囲を求めると

(1) のデータについて　$Q_3-Q_1=14-5=9$

(2) のデータについて　$Q_3-Q_1=13-7=6$

となり，四分位範囲は (2) の方が小さいから，(2) の方が (1) より中央値への密集度は高いと考えられる。

**練習9** 練習 8 の (1)，(2) のデータについて箱ひげ図を並べて表せ。また，中央値への密集度が高いと考えられるのはどちらか。

# 4 分散と標準偏差

## 1 分散と標準偏差

平均値を基準としたデータの散らばりの度合いを表す量を考えてみよう。

変量 $x$ のとる $n$ 個の値を $x_1$, $x_2$, $x_3$, …, $x_n$, 平均値を $\overline{x}$ とするとき

$$x_1-\overline{x},\ x_2-\overline{x},\ x_3-\overline{x},\ \cdots\cdots,\ x_n-\overline{x}$$

をそれぞれ $x_1$, $x_2$, $x_3$, …, $x_n$ の **偏差** または **平均値からの偏差** という。この偏差の平均を求めると

$$\frac{1}{n}\{(x_1-\overline{x})+(x_2-\overline{x})+(x_3-\overline{x})+\cdots+(x_n-\overline{x})\}$$

$$=\frac{1}{n}\{(x_1+x_2+x_3+\cdots+x_n)-n\overline{x}\}$$

$$=\frac{1}{n}(n\overline{x}-n\overline{x})=0$$

となる。すなわち，**偏差の平均値は 0** になる。

よって，偏差の平均値を用いて，散らばりの度合いを表すことはできない。そこで，偏差の 2 乗の値の平均値

$$\frac{1}{n}\{(x_1-\overline{x})^2+(x_2-\overline{x})^2+\cdots+(x_n-\overline{x})^2\}$$

を考える。この値を **分散** といい，$s^2$ で表す。

一般に，

**分散の値が小さいほど，平均値の近くにデータが集まっている**

といえる。

分散は，計算の過程で 2 乗するので，たとえば変量 $x$ の単位が cm のとき，分散の単位は cm$^2$ となる。変量 $x$ と同じ単位をもつ散らばりの度合いを表す指標として，分散の正の平方根 $s$ を用いることが多い。この $s$ を変量 $x$ の **標準偏差** という。

すなわち

**標準偏差 $=\sqrt{\text{分散}}$**

である。よって，次の式が成り立つ。

**分散と標準偏差**

分散

$$s^2 = \frac{1}{n}\{(x_1 - \overline{x})^2 + (x_2 - \overline{x})^2 + \cdots + (x_n - \overline{x})^2\} = \frac{1}{n}\sum_{i=1}^{n}(x_i - \overline{x})^2$$

標準偏差

$$s = \sqrt{\frac{1}{n}\{(x_1 - \overline{x})^2 + (x_2 - \overline{x})^2 + \cdots + (x_n - \overline{x})^2\}} = \sqrt{\frac{1}{n}\sum_{i=1}^{n}(x_i - \overline{x})^2}$$

**例7** 次のデータはある高校のA組，B組それぞれ5人の10点満点の漢字テストの結果である。平均値は，それぞれ7点である。

A組　8　7　6　4　10　　B組　6　8　7　6　8

A組，B組それぞれの分散 $s_A{}^2$，$s_B{}^2$ を求めてみよう。

$$s_A{}^2 = \frac{1}{5}\{(8-7)^2 + (7-7)^2 + (6-7)^2 + (4-7)^2 + (10-7)^2\} = 4$$

$$s_B{}^2 = \frac{1}{5}\{(6-7)^2 + (8-7)^2 + (7-7)^2 + (6-7)^2 + (8-7)^2\} = 0.8$$

この結果から $s_B{}^2$ が $s_A{}^2$ より小さいので，B組の方が平均値の近くにデータが集まっている。

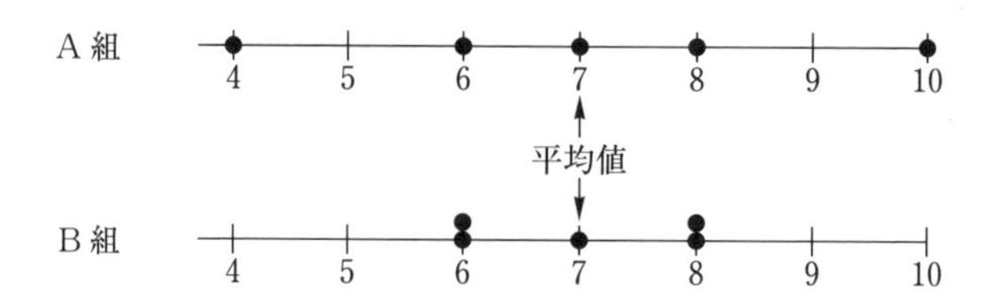


上の図からも，B組の方が平均値からの散らばりが小さく，平均値の近くに集まっていることがわかる。

**練習10** 次のデータの分散を求めよ。

(1) 6　4　2　8　5　　(2) 8　2　7　4　5　10　7　5

(3) 7　5　2　4　3　3　5　3　6　2

ところで，分散 $s^2$ は，次のように変形することができる。

$$
\begin{aligned}
s^2 &= \frac{1}{n}\sum_{i=1}^{n}(x_i-\overline{x})^2 \\
&= \frac{1}{n}\sum_{i=1}^{n}\{x_i{}^2-2x_i\overline{x}+(\overline{x})^2\} \\
&= \frac{1}{n}\sum_{i=1}^{n}x_i{}^2-2\overline{x}\cdot\frac{1}{n}\sum_{i=1}^{n}x_i+\frac{1}{n}\cdot n(\overline{x})^2 \quad \leftarrow \frac{1}{n}\sum_{i=1}^{n}x_i=\overline{x} \\
&= \frac{1}{n}\sum_{i=1}^{n}x_i{}^2-2(\overline{x})^2+(\overline{x})^2=\frac{1}{n}\sum_{i=1}^{n}x_i{}^2-(\overline{x})^2
\end{aligned}
$$

よって，次の式が成り立つ。

**分散**

$$\boldsymbol{s^2=\frac{1}{n}\sum_{i=1}^{n}(x_i-\overline{x})^2=\frac{1}{n}\sum_{i=1}^{n}x_i{}^2-(\overline{x})^2=\overline{x^2}-(\overline{x})^2}$$

これより，分散は次のように表せる。

**分散 ＝ (データの2乗の平均値) − (平均値の2乗)**

**例8** 前ページ例7のA組のデータ

8　7　6　4　10

の分散 $s^2$ は次のように求めることができる。

$$\overline{x}=\frac{1}{5}(8+7+6+4+10)=\frac{35}{5}=7$$

$$\overline{x^2}=\frac{1}{5}(8^2+7^2+6^2+4^2+10^2)=\frac{265}{5}=53$$

$$s^2=\overline{x^2}-(\overline{x})^2=53-49=4$$

**練習11** 例8の方法で次のデータの分散 $s^2$ を求めよ。

(1) 1　2　4　5　8

(2) 1　5　7　6　2　4　10

(3) 8　4　6　8　2　9　7　6　4　6

標準偏差については，次の式が成り立つ。

**標準偏差**

$$s=\sqrt{\frac{1}{n}\sum_{i=1}^{n}(x_i-\overline{x})^2}$$

$$=\sqrt{\frac{1}{n}\sum_{i=1}^{n}x_i^2-(\overline{x})^2}=\sqrt{\overline{x^2}-(\overline{x})^2}$$

これより標準偏差は次のように表せる。

**標準偏差 $=\sqrt{(\text{データの 2 乗の平均値})-(\text{平均値の 2 乗})}$**

**例 9** データ

2 5 6 8 9

の標準偏差 $s$ を求めてみよう。

$$\overline{x}=\frac{1}{5}(2+5+6+8+9)=\frac{30}{5}=6$$

よって，標準偏差 $s$ は

$$s=\sqrt{\frac{1}{5}\{(2-6)^2+(5-6)^2+(6-6)^2+(8-6)^2+(9-6)^2\}}$$

$$=\sqrt{6}\fallingdotseq 2.45$$

または，次のように求められる。

$$\overline{x^2}=\frac{1}{5}(2^2+5^2+6^2+8^2+9^2)=\frac{210}{5}=42$$

であるから

$$s=\sqrt{\overline{x^2}-(\overline{x})^2}=\sqrt{42-36}=\sqrt{6}\fallingdotseq 2.45$$

**練習 12** 次のデータの標準偏差 $s$ を求めよ。

(1) 1 4 7 3 5　　　(2) 7 2 2 3 2 7 8 9

## 2 度数分布表と標準偏差

度数分布表が与えられたときの分散と標準偏差を求めてみよう。

| 階級値 $x$ | 度数 $f$ |
|---|---|
| $x_1$ | $f_1$ |
| $x_2$ | $f_2$ |
| ： | ： |
| $x_k$ | $f_k$ |
| 合計 | $n$ |

右の表のように，階級値 $x$ と度数 $f$ が与えられているとする。このとき，階級値 $x_k$ と度数 $f_k$ が次のように対応する。

階級値　$x_1,\ x_2,\ x_3,\ \cdots,\ x_k$

度数　$f_1,\ f_2,\ f_3,\ \cdots,\ f_k$

これより，平均値を $\overline{x}$ とすると，偏差の総和は

$$(x_1-\overline{x})f_1+(x_2-\overline{x})f_2+(x_3-\overline{x})f_3+\cdots+(x_k-\overline{x})f_k$$

$$=\sum_{i=1}^{k}(x_i-\overline{x})f_i=\sum_{i=1}^{k}x_if_i-\overline{x}\sum_{i=1}^{k}f_i=n\overline{x}-n\overline{x}=0$$

$\leftarrow \frac{1}{n}\sum_{i=1}^{k}x_if_i=\overline{x}$

となる。すなわち偏差の平均は0になる。また，分散は

$$s^2=\frac{1}{n}\sum_{i=1}^{k}(x_i-\overline{x})^2f_i$$

$$=\frac{1}{n}\sum_{i=1}^{k}x_i^2f_i-2\overline{x}\cdot\frac{1}{n}\sum_{i=1}^{k}x_if_i+\frac{1}{n}\cdot n(\overline{x})^2$$

$\leftarrow \frac{1}{n}\sum_{i=1}^{k}x_if_i=\overline{x}$

$$=\frac{1}{n}\sum_{i=1}^{k}x_i^2f_i-2(\overline{x})^2+(\overline{x})^2$$

$$=\frac{1}{n}\sum_{i=1}^{k}x_i^2f_i-(\overline{x})^2$$

よって，度数分布表が与えられたときの分散と標準偏差は，次のようになる。

**分散と標準偏差**

分散　$\boldsymbol{s^2=\frac{1}{n}\sum_{i=1}^{k}(x_i-\overline{x})^2f_i=\frac{1}{n}\sum_{i=1}^{k}x_i^2f_i-(\overline{x})^2}$

標準偏差　$\boldsymbol{s=\sqrt{\frac{1}{n}\sum_{i=1}^{k}(x_i-\overline{x})^2f_i}=\sqrt{\frac{1}{n}\sum_{i=1}^{k}x_i^2f_i-(\overline{x})^2}}$

**練習13**　下の表は，ある試験の得点を，階級値の1つを2点，階級の幅を4点としてまとめた度数分布表である。

| 階級値 $x$ | 2 | 6 | 10 | 14 | 18 |
|---|---|---|---|---|---|
| 人数 $f$ | 2 | 5 | 18 | 11 | 4 |

右の表を完成して，標準偏差を求めよ。

| $x$ | $f$ | $xf$ | $x^2f$ |
|---|---|---|---|
| 2 | 2 | | |
| 6 | 5 | | |
| 10 | 18 | | |
| 14 | 11 | | |
| 18 | 4 | | |
| 合計 | 40 | | |

## 3 仮平均を用いた平均値・標準偏差

変量 $x$ が $x_1$, $x_2$, $\cdots$, $x_n$ の $n$ 個の値をとるとき，平均値に近いと予想される値を $x_0$, $c$ を正の定数として，各 $x_i$ に対して

$$u_i = \frac{x_i - x_0}{c} \quad (i=1, 2, \cdots, n)$$

によって定まる新しい変量 $u$ を定める。

このとき

$$x_i = cu_i + x_0 \quad (i=1, 2, \cdots, n)$$

であるから，2つの変量 $x$, $u$ の平均値をそれぞれ $\overline{x}$, $\overline{u}$ とすると

$$\begin{aligned}\overline{x} &= \frac{1}{n}\sum_{i=1}^{n} x_i \\ &= \frac{1}{n}\sum_{i=1}^{n}(cu_i + x_0) \\ &= c\cdot\frac{1}{n}\sum_{i=1}^{n} u_i + \frac{1}{n}\cdot nx_0 \\ &= c\overline{u} + x_0\end{aligned}$$

また，変量 $x$, $u$ の標準偏差をそれぞれ $s_x$, $s_u$ とすると

$$(x_i - \overline{x})^2 = \{(cu_i + x_0) - (c\overline{u} + x_0)\}^2 = c^2(u_i - \overline{u})^2$$

であるから

$$\begin{aligned}{s_x}^2 &= \frac{1}{n}\sum_{i=1}^{n}(x_i - \overline{x})^2 \\ &= \frac{1}{n}\sum_{i=1}^{n} c^2(u_i - \overline{u})^2 \\ &= c^2\cdot\frac{1}{n}\sum_{i=1}^{n}(u_i - \overline{u})^2 \\ &= c^2{s_u}^2\end{aligned}$$

$\leftarrow \frac{1}{n}\sum_{i=1}^{n}(u_i - \overline{u})^2 = {s_u}^2$

よって　$s_x = cs_u$

一般に，変量 $x$ の値が度数分布表で与えられた場合は，平均値に近いと予想される階級値，または最頻値を $x_0$, 階級の幅を $c$ とするとよい。この $x_0$ を **仮平均** という。

**仮平均を用いた平均値と標準偏差**

変量 $x$ の資料が度数分布表で与えられた場合の仮平均を $x_0$，階級の幅を $c$ として，新しい変量 $u$ を $u=\dfrac{x-x_0}{c}$ によって定めるとき

$$\boldsymbol{\overline{x}=c\overline{u}+x_0,\quad s_x=cs_u}$$

**例10** 次のような度数分布表で与えられた50点満点の試験の得点 $x$ の平均値と標準偏差を求めてみよう。

仮平均を25とし，階級の幅が10であることから

$$u=\frac{x-25}{10}$$

によって，新しい変量 $u$ を定める。右の表から $u$ の平均値 $\overline{u}$ は

| $x$ | $f$ | $u$ | $uf$ | $u^2f$ |
|---|---|---|---|---|
| 5 | 1 | −2 | −2 | 4 |
| 15 | 8 | −1 | −8 | 8 |
| 25 | 20 | 0 | 0 | 0 |
| 35 | 12 | 1 | 12 | 12 |
| 45 | 9 | 2 | 18 | 36 |
| 計 | 50 | | 20 | 60 |

$$\overline{u}=\frac{20}{50}=0.4$$

$u$ の標準偏差 $s_u$ は

$$s_u=\sqrt{\frac{60}{50}-0.4^2}=\sqrt{1.04}\fallingdotseq 1.02$$

よって

$$\overline{x}=10\overline{u}+25=10\times0.4+25=29$$

$$s_x=10s_u=10\times1.02=10.2$$

ゆえに，平均値29（点），標準偏差10.2（点）

**練習14** 次の度数分布表で与えられた100点満点の試験の得点 $x$ の平均値と標準偏差を，仮平均を65として求めよ。ただし，$\sqrt{2.81}=1.68$ とする。

| $x$ | 5 | 15 | 25 | 35 | 45 | 55 | 65 | 75 | 85 | 95 | 計 |
|---|---|---|---|---|---|---|---|---|---|---|---|
| $f$ | 0 | 1 | 2 | 4 | 8 | 10 | 15 | 5 | 4 | 1 | 50 |

# ◆2◆ 2次元のデータ

## 1 相関関係

### 1 散布図

次の表は，ある学校の1年A組，B組の生徒それぞれ8人ずつの垂直跳びと走り幅跳びの記録である。

(cm)

| A組 | | | B組 | | |
|---|---|---|---|---|---|
| 番号 | 垂直跳び | 走り幅跳び | 番号 | 垂直跳び | 走り幅跳び |
| 1 | 51 | 421 | 1 | 48 | 372 |
| 2 | 49 | 430 | 2 | 56 | 415 |
| 3 | 46 | 380 | 3 | 72 | 540 |
| 4 | 64 | 425 | 4 | 58 | 396 |
| 5 | 74 | 522 | 5 | 66 | 490 |
| 6 | 52 | 349 | 6 | 53 | 377 |
| 7 | 63 | 480 | 7 | 53 | 380 |
| 8 | 57 | 460 | 8 | 51 | 344 |

右の図は，上のA組のデータをもとに，

横軸に垂直跳びの記録

縦軸に走り幅跳びの記録

を平面上の点に示したものである。

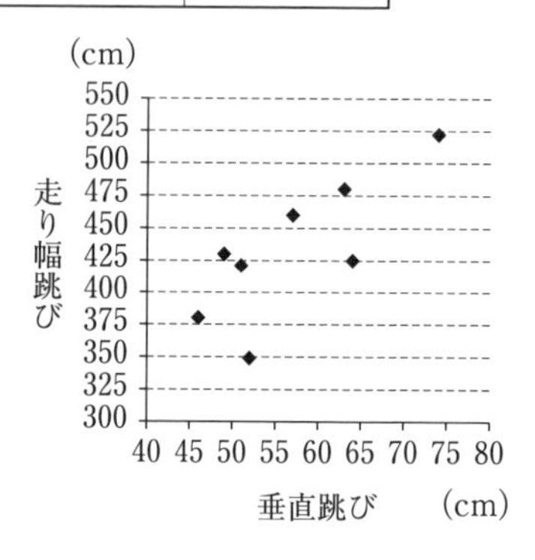


右の図のように，2つの変量の関係を座標平面上の点で表したものを **散布図** という。散布図から，垂直跳びの記録が高い人は，走り幅跳びの記録も高いという傾向が読み取れる。

一般に，2つの変量 $x$，$y$ があり，一方が増加するともう一方が増加する，または減少するという傾向があるとき，この2つの変量の間には **相関** または **相関関係** があるという。次のページの図1のように変量 $x$ が増えると変量 $y$ の値が増える傾向にあるとき，変量 $x$，$y$ の間には **正の相関** があるという。逆に，図2のように変量 $x$ が増えると変量 $y$ の値が減る傾向にあるとき，変量 $x$，$y$ との間には **負の相関** があるという。また，図3のように正・負いずれの相関関係も見られないとき，**相関がない** という。

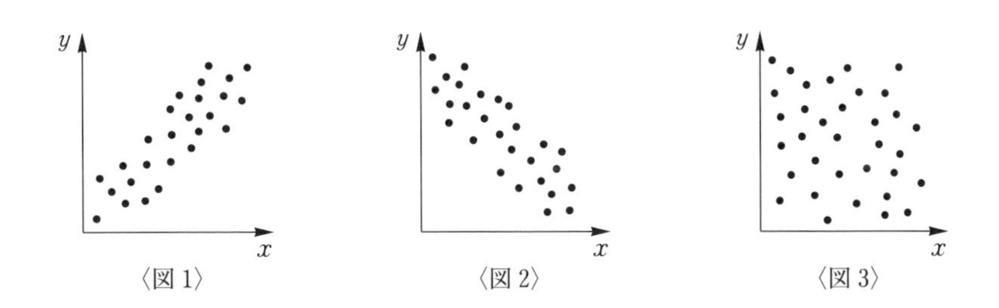


〈図 1〉 〈図 2〉 〈図 3〉

一般に，2つの変量の間に相関関係があり，とくに散布図の直線的傾向が強いとき，**相関が強い** といい，直線的傾向が弱く散らばっているとき，**相関が弱い** という。

**練習1** 次の2つの変量 $x$，$y$ のデータの散布図をかき，$x$，$y$ の間に相関関係があるかどうか調べ，相関関係がある場合には正・負のどちらかいえ。

| $x$ | 4 | 7 | 9 | 3 | 3 | 5 | 8 | 6 | 7 |
|---|---|---|---|---|---|---|---|---|---|
| $y$ | 5 | 5 | 1 | 6 | 8 | 6 | 3 | 4 | 4 |

散布図に表すことが困難である場合には，2つの度数分布表を組み合わせて調べるとよい。下の表は，前ページの1年A組のデータを表したものである。このような表を **相関表** という。

| 垂直跳び(cm)<br>走り幅跳び(cm) | 45～50<br>以上 未満 | 50～55 | 55～60 | 60～65 | 65～70 | 70～75 | 合計 |
|---|---|---|---|---|---|---|---|
| 500～550<br>以上 未満 | | | | | | 1 | 1 |
| 450～500 | | | 1 | 1 | | | 2 |
| 400～450 | 1 | 1 | | 1 | | | 3 |
| 350～400 | 1 | | | | | | 1 |
| 300～350 | | 1 | | | | | 1 |
| 合計 | 2 | 2 | 1 | 2 | 0 | 1 | 8 |

相関表の各階級の欄に記入されている数は，度数である。

**練習2** 前ページの1年B組のデータを相関表で表せ。

## 2 共分散

2つの変量 $x$, $y$ の相関関係の度合いを数値で表すことを考えよう。

下の表は，5人の生徒 a, b, c, d, e の数学と理科のテストの結果である。

| | a | b | c | d | e |
|---|---|---|---|---|---|
| 数学 | 20 | 30 | 60 | 50 | 80 |
| 理科 | 30 | 60 | 35 | 70 | 90 |

数学のテストの平均値は

$$\frac{20+30+60+50+80}{5}=48\ (\text{点})$$

理科のテストの平均値は

$$\frac{30+60+35+70+90}{5}=57\ (\text{点})$$

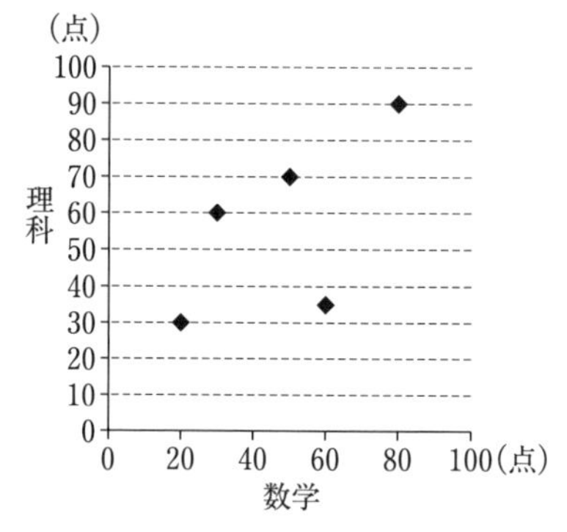


右は横軸に数学の得点を，縦軸に理科の得点をとった散布図である。

数学と理科のそれぞれの平均値を組とする点 (48, 57) を通って横軸，縦軸に平行な直線を引き，4つの領域①，②，③，④に分ける。

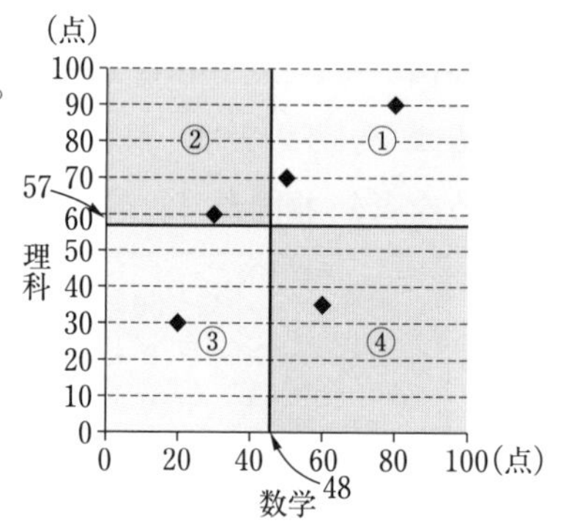


ここで，生徒 a の記録に対応する点に注目して，偏差の積と符号を求めてみよう。

生徒 a は，③の領域の点 (20, 30) にあり

数学の偏差は　$20-48=-28$

理科の偏差は　$30-57=-27$

2つの偏差の積は

$$(20-48)\times(30-57)=756$$

よって，符号は正である。

**練習3**　上の例において，生徒 b, c, d, e の偏差の積を求め，符号を調べよ。

前ページでは5個のデータであったが，$n$ 個のデータの組

$$(x_1,\ y_1),\ (x_2,\ y_2),\ \cdots\cdots,\ (x_n,\ y_n)$$

について考えてみよう。

$x_1,\ x_2,\ \cdots,\ x_n$ の平均値を $\overline{x}$

$y_1,\ y_2,\ \cdots,\ y_n$ の平均値を $\overline{y}$

で表す。

右の図のように，2つの変量 $x$，$y$ の平均値を座標とする点 $(\overline{x},\ \overline{y})$ を中心に平面を4つの領域①，②，③，④に分ける。$n$ 個のデータの組それぞれについて，平均値からの偏差 $x_i-\overline{x}$ と $y_i-\overline{y}$ の積を

$$p_i=(x_i-\overline{x})(y_i-\overline{y})$$

とおくと，次のことが成り立つ。

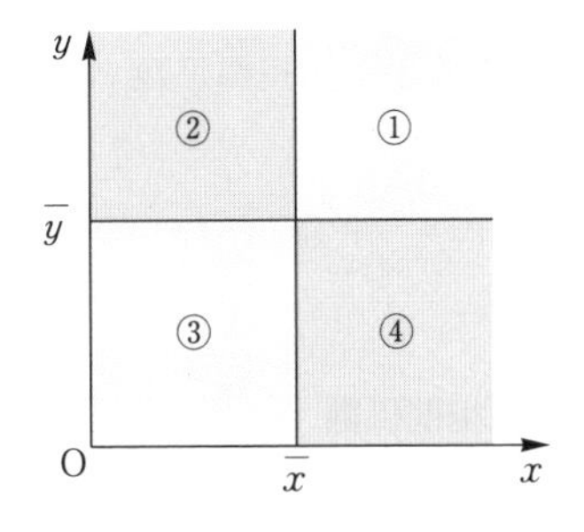


点 $\mathrm{P}(x_i,\ y_i)$ が①，③の領域にあるとき，$p_i>0$ となり
点 $\mathrm{P}(x_i,\ y_i)$ が②，④の領域にあるとき，$p_i<0$ となる。

そこで，偏差の積 $p_i$ の平均値を考え，この値を **共分散** といい $s_{xy}$ で表す。すなわち

$$\boldsymbol{s_{xy}=\frac{1}{n}\sum_{i=1}^{n}(x_i-\overline{x})(y_i-\overline{y})}$$

正の相関があれば領域①と③に多くの点が入る傾向があるので，共分散は正の値となり，負の相関があれば領域②と④に多くの点が入る傾向があるので，共分散は負の値となる。また，相関がみられないときは，共分散は，ほぼ0に近い値になる。

前ページの数学と理科のテストのデータの共分散 $s_{xy}$ の値は

$$s_{xy}=\frac{1}{5}\{(20-48)(30-57)+(30-48)(60-57)+(60-48)(35-57)$$
$$+(50-48)(70-57)+(80-48)(90-57)\}=304$$

## 3 相関係数

共分散 $s_{xy}$ は，変量 $x$，$y$ の単位の取り方で値が変わるので，$s_{xy}$ を $x$，$y$ の標準偏差 $s_x$，$s_y$ で割った値 $\dfrac{s_{xy}}{s_x s_y}$ を考える。この値を変量 $x$，$y$ の **相関係数** といい，$r$ で表す。

$$s_x=\sqrt{\frac{1}{n}\sum_{i=1}^{n}(x_i-\overline{x})^2},\quad s_y=\sqrt{\frac{1}{n}\sum_{i=1}^{n}(y_i-\overline{y})^2}$$

であるから，相関係数 $r$ は，次のように表される。

$$r=\frac{s_{xy}}{s_x s_y}=\frac{\dfrac{1}{n}\displaystyle\sum_{i=1}^{n}(x_i-\overline{x})(y_i-\overline{y})}{\sqrt{\dfrac{1}{n}\displaystyle\sum_{i=1}^{n}(x_i-\overline{x})^2}\sqrt{\dfrac{1}{n}\displaystyle\sum_{i=1}^{n}(y_i-\overline{y})^2}}=\frac{\displaystyle\sum_{i=1}^{n}(x_i-\overline{x})(y_i-\overline{y})}{\sqrt{\displaystyle\sum_{i=1}^{n}(x_i-\overline{x})^2}\sqrt{\displaystyle\sum_{i=1}^{n}(y_i-\overline{y})^2}}$$

**相関係数**

$$r=\frac{s_{xy}}{s_x s_y}=\frac{\displaystyle\sum_{i=1}^{n}(x_i-\overline{x})(y_i-\overline{y})}{\sqrt{\displaystyle\sum_{i=1}^{n}(x_i-\overline{x})^2}\sqrt{\displaystyle\sum_{i=1}^{n}(y_i-\overline{y})^2}}$$

相関係数 $r$ について，一般に次のことが成り立つ。

$$-1 \leqq r \leqq 1$$

また，相関係数 $r$ には，次のような性質がある。

$r$ が1に近い値のとき，強い正の相関がある。このとき，散布図の点は右上がりに分布する。$r$ が $-1$ に近い値のとき，強い負の相関がある。このとき，散布図の点は右下がりに分布する。$r$ が0に近い値のとき，相関は弱い。

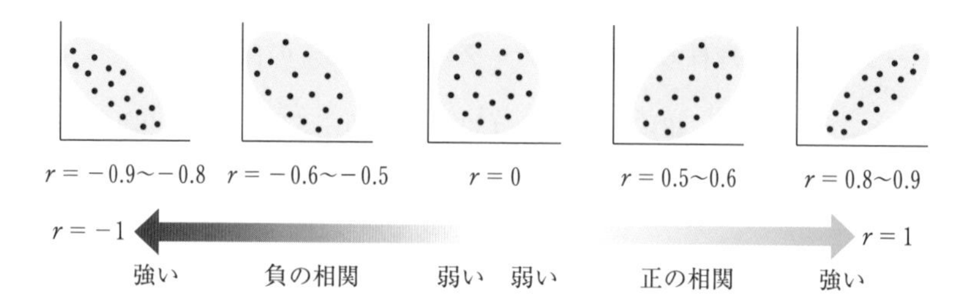

**例題 1**　下の表は，あるクラスの生徒5人の英語と国語の小テストの結果である。英語，国語のテストの得点をそれぞれ $x$，$y$ として，相関係数 $r$ を求めよ。

| 英語 | 10 | 4 | 7 | 6 | 8 |
|---|---|---|---|---|---|
| 国語 | 6 | 2 | 7 | 4 | 6 |

**解**

$$\overline{x}=\frac{10+4+7+6+8}{5}=7$$

$$\overline{y}=\frac{6+2+7+4+6}{5}=5$$

であるから，次の表ができる。

| $x$ | $y$ | $x-\overline{x}$ | $y-\overline{y}$ | $(x-\overline{x})^2$ | $(y-\overline{y})^2$ | $(x-\overline{x})(y-\overline{y})$ |
|---|---|---|---|---|---|---|
| 10 | 6 | 3 | 1 | 9 | 1 | 3 |
| 4 | 2 | $-3$ | $-3$ | 9 | 9 | 9 |
| 7 | 7 | 0 | 2 | 0 | 4 | 0 |
| 6 | 4 | $-1$ | $-1$ | 1 | 1 | 1 |
| 8 | 6 | 1 | 1 | 1 | 1 | 1 |
| 合計 | | 0 | 0 | 20 | 16 | 14 |

上の表から相関係数 $r$ は

$$r=\frac{14}{\sqrt{20}\cdot\sqrt{16}}\fallingdotseq \mathbf{0.78}$$

**練習4**　下の表は，あるクラスの生徒5人の世界史と数学と物理の小テストの結果である。世界史，数学，物理のテストの得点をそれぞれ $x$，$y$，$z$ として，世界史と数学，および数学と物理の相関係数 $r$ を求めよ。

| 世界史（$x$） | 6 | 5 | 3 | 2 | 4 |
|---|---|---|---|---|---|
| 数学（$y$） | 3 | 4 | 4 | 5 | 4 |
| 物理（$z$） | 2 | 4 | 6 | 6 | 7 |

## 4 回帰直線と相関係数

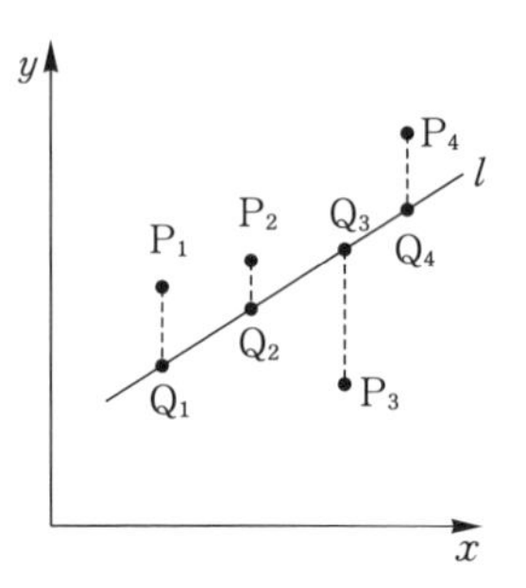


右の図のように，直線 $l$ に対して散布図の各点 $P_k(x_k,\ y_k)$ を通って $y$ 軸に平行な直線を引き，$l$ との交点を $Q_k(x_k,\ y_k')$ とする。このとき

$$P_1Q_1{}^2+P_2Q_2{}^2+\cdots+P_nQ_n{}^2$$

すなわち

$$(y_1-y_1')^2+(y_2-y_2')^2+\cdots+(y_n-y_n')^2$$
$$=\sum_{k=1}^{n}(y_k-y_k')^2$$

の値が小さいほど，$l$ は散布図に適合した直線といえる。

このような手法を **最小自乗法** という。

そこで，$l$ を $y=ax+b$ とし，$P_kQ_k{}^2$ の平均を $L$ とすると

$$L=\frac{1}{n}\sum_{k=1}^{n}\{y_k-(ax_k+b)\}^2$$

となる。この $L$ が最小となるような $a$，$b$ を求めると

$$a=\frac{\sum_{k=1}^{n}(x_k-\overline{x})(y_k-\overline{y})}{\sum_{k=1}^{n}(x_k-\overline{x})^2},\quad b=\overline{y}-a\overline{x}$$

となることが知られている。

この $a$ は，$x$ の分散 $s_x{}^2$ と $x,y$ の共分散 $s_{xy}$ を用いて表すと

$$a=\frac{s_{xy}}{s_x{}^2}$$

となり，$b=\overline{y}-a\overline{x}$ であるから求める直線は

$$y-\overline{y}=\frac{s_{xy}}{s_x{}^2}(x-\overline{x})$$

となる。

この直線を $y$ の $x$ への **回帰直線** という。

同様にして，$x$ の $y$ への回帰直線を求めると，次のようになる。

$$y-\overline{y}=\frac{s_y{}^2}{s_{xy}}(x-\overline{x})$$

次に散布図の点の分布がこの回帰直線にどの程度近いかを調べるには，前ページの $a$，$b$ について

$$L=\frac{1}{n}\sum_{k=1}^{n}\{y_k-(ax_k+b)\}^2$$

の値を求め，その値が小さいほど，散布図の点の回帰直線への集中度が高いことがわかる。

$b=\overline{y}-a\overline{x}$ を代入して，$L$ の式を変形すると

$$\begin{aligned}L&=\frac{1}{n}\sum_{k=1}^{n}\{y_k-ax_k-(\overline{y}-a\overline{x})\}^2\\&=\frac{1}{n}\sum_{k=1}^{n}\{(y_k-\overline{y})-a(x_k-\overline{x})\}^2\\&=\frac{1}{n}\sum_{k=1}^{n}(y_k-\overline{y})^2-2a\cdot\frac{1}{n}\sum_{k=1}^{n}(y_k-\overline{y})(x_k-\overline{x})+a^2\cdot\frac{1}{n}\sum_{k=1}^{n}(x_k-\overline{x})^2\\&={s_y}^2-2as_{xy}+a^2{s_x}^2={s_y}^2-\frac{2{s_{xy}}^2}{{s_x}^2}+\frac{{s_{xy}}^2}{{s_x}^2}\quad \leftarrow a=\frac{s_{xy}}{{s_x}^2}\text{ を代入}\\&={s_y}^2\left(1-\frac{{s_{xy}}^2}{{s_x}^2{s_y}^2}\right)\end{aligned}$$

ここで，$r=\dfrac{s_{xy}}{s_xs_y}$ とおくと

$$L={s_y}^2(1-r^2)$$

また，定義より $L\geqq 0$ であるから，${s_y}^2(1-r^2)\geqq 0$ より

$$0\leqq r^2\leqq 1$$

したがって，

$$-1\leqq r\leqq 1$$

である。また，$r^2$ が1に近い値であるほど $L$ の値は小さい。すなわち，散布図の点の回帰直線への集中度が高いといえる。

$x$ の $y$ への回帰直線についても，同じ $r$ の式について同様のことがいえる。

ここで，$s_x>0$，$s_y>0$ であるから $r$ と $s_{xy}$ は同符号，また，回帰直線の傾き $a$ と $s_{xy}$ も同符号であるから，$r$ と $a$ は同符号である。このことから

$r$ が1に近いほど正の相関があり，

$r$ が $-1$ に近いほど負の相関がある

といえる。

まさに，この $r$ が相関係数にほかならない。

## 章末問題

**1.** 次の度数分布表は，ある学校の1年生20人の英語の小テスト（50点満点）の採点結果である。次の問いに答えよ。

| 得点 | 0〜10 以上 未満 | 10〜20 | 20〜30 | 30〜40 | 40〜50 |
|---|---|---|---|---|---|
| 人数 | 2 | 6 | 4 | 4 | 4 |

(1) 平均値，中央値，最頻値をそれぞれ求めよ。

(2) 分散と標準偏差をそれぞれ求めよ。

**2.** 変量 $x$ の値を50個測定し，$u=\dfrac{x-12.5}{5}$ について

$$u_1+u_2+\cdots\cdots+u_{50}=-8,$$

$$u_1{}^2+u_2{}^2+\cdots\cdots+u_{50}{}^2=38$$

を得た。次の問いに答えよ。

(1) $x$ の平均 $\overline{x}$ を求めよ。　(2) $x$ の分散 $s_x{}^2$ を求めよ。

**3.** 右の表は，20人の生徒に対して行った2種類のテストの結果の相関表である。2種類のテストの得点を $x$，$y$ としたとき，次の問いに答えよ。

(1) $x$，$y$ の平均値 $\overline{x}$，$\overline{y}$ をそれぞれ求めよ。

(2) $x$，$y$ の標準偏差 $s_x$，$s_y$ をそれぞれ求めよ。

(3) $x$，$y$ の共分散 $s_{xy}$ を求めよ。

(4) $x$，$y$ の相関係数 $r$ を求めよ。

| $x$ \ $y$ | 1 | 2 | 3 | 計 |
|---|---|---|---|---|
| 3 | 0 | 2 | 4 | 6 |
| 2 | 4 | 6 | 0 | 10 |
| 1 | 2 | 2 | 0 | 4 |
| 計 | 6 | 10 | 4 | 20 |

**4.** 右の表は，10人の生徒の国語と英語の小テスト（10点満点）の得点である。この結果をもとに，次の問いに答えよ。

| 国語 | 8 | 5 | 9 | 3 | 6 | 7 | 5 | 6 | 7 | 4 |
|---|---|---|---|---|---|---|---|---|---|---|
| 英語 | 7 | 4 | 8 | 4 | 7 | 6 | 5 | 5 | 6 | 3 |

(1) 国語と英語の得点の相関表を作成せよ。

(2) 国語と英語の得点の平均値と標準偏差を求めよ。

(3) 国語と英語の得点の相関係数を求めよ。

第 3 章

# 確率分布

1
確率分布
2
正規分布

1章で学んだ確率の内容をさらに発展させた確率論と呼ばれる分野の入口に当たる。

確率変数，確率分布など初めて学ぶ概念も少なくないが，実際の確率の計算は日常的で，具体的な意味がはっきりしているものを扱う。また，確率分布の中でも，二項分布や正規分布は身近に現れるものである。これらの特性を利用して確率を求めてみよう。

# 1 確率分布

## 1 確率変数と確率分布

### 1 確率分布

1枚の硬貨を続けて2回投げる試行について，全事象 $U$ は

$$U=\{(表，表)，(表，裏)，(裏，表)，(裏，裏)\}$$

である。この試行において，表の出る回数を $X$ とすると，$X$ は 0，1，2 のいずれかの値をとる変数であり，$X$ がどの値をとるかは，試行の結果によって定まる。

たとえば，$X=0$ となるのは事象 $\{(裏，裏)\}$ が起こるときであるから，その確率は $\frac{1}{4}$ である。ここで，$X=0$ となる事象の確率を $\boldsymbol{P(X=0)}$ で表すと

$$P(X=0)=\frac{1}{4}$$

とかける。同様にして

$$P(X=1)=\frac{2}{4},\quad P(X=2)=\frac{1}{4}$$

となる。

| $U$ | | $X$ |
|---|---|---|
| (裏，裏) | → | 0 |
| (裏，表) | → | 1 |
| (表，裏) | → | 1 |
| (表，表) | → | 2 |

上の $X$ のように1つの試行において，その結果に応じて $X$ の値が定まり，その値をとる確率が定まるとき，この $X$ を **確率変数** という。

確率変数 $X$ がとりうる値を $x_1,\ x_2,\ \cdots,\ x_n$ とし，$X$ がそれらの値をとる確率をそれぞれ $p_1,\ p_2,\ \cdots,\ p_n$ とするとき，この対応関係を表にまとめると右のようになる。

| $X$ | $x_1$ | $x_2$ | $\cdots$ | $x_n$ | 計 |
|---|---|---|---|---|---|
| $P$ | $p_1$ | $p_2$ | $\cdots$ | $p_n$ | 1 |

この表のように，確率変数 $X$ のとる値にその値をとる確率を対応させたとき，この対応を $X$ の **確率分布** または単に **分布** といい，確率変数 $X$ はこの分布に従うという。このとき

$$p_1\geqq 0,\ p_2\geqq 0,\ \cdots\cdots,\ p_n\geqq 0,$$

$$p_1+p_2+\cdots+p_n=\sum_{k=1}^{n}p_k=1$$

である。

**例 1** 前ページの試行において，表の出る回数を$X$とすると，$X$の確率分布は右の表のようになる。

| $X$ | 0 | 1 | 2 | 計 |
|---|---|---|---|---|
| $P$ | $\frac{1}{4}$ | $\frac{2}{4}$ | $\frac{1}{4}$ | 1 |

**練習1** 1枚の硬貨を順に3回投げる。表の出る回数を$X$とするとき，$X$の確率分布を求めよ。

**例題 1** 大小2個のさいころを同時に投げる。出る目の和を$X$とするとき，$X$の確率分布を求めよ。

**解** 大小2個のさいころの目の出方は36通りあり，それぞれの確率は$\frac{1}{36}$である。

目の和$X$のとりうる値は

2，3，4，……，12

であり，右の表から$X$の確率分布は下の表のようになる。

| 大＼小 | 1 | 2 | 3 | 4 | 5 | 6 |
|---|---|---|---|---|---|---|
| 1 | 2 | 3 | 4 | 5 | 6 | 7 |
| 2 | 3 | 4 | 5 | 6 | 7 | 8 |
| 3 | 4 | 5 | 6 | 7 | 8 | 9 |
| 4 | 5 | 6 | 7 | 8 | 9 | 10 |
| 5 | 6 | 7 | 8 | 9 | 10 | 11 |
| 6 | 7 | 8 | 9 | 10 | 11 | 12 |

| $X$ | 2 | 3 | 4 | 5 | 6 | 7 | 8 | 9 | 10 | 11 | 12 | 計 |
|---|---|---|---|---|---|---|---|---|---|---|---|---|
| $P$ | $\frac{1}{36}$ | $\frac{2}{36}$ | $\frac{3}{36}$ | $\frac{4}{36}$ | $\frac{5}{36}$ | $\frac{6}{36}$ | $\frac{5}{36}$ | $\frac{4}{36}$ | $\frac{3}{36}$ | $\frac{2}{36}$ | $\frac{1}{36}$ | 1 |

$X$が$a$以上$b$以下の値をとるという事象の確率を $\boldsymbol{P(a \leqq X \leqq b)}$ で表す。たとえば，例題1では

$$P(3 \leqq X \leqq 4) = P(X=3) + P(X=4) = \frac{2}{36} + \frac{3}{36} = \frac{5}{36}$$

**練習2** 2個のさいころを同時に投げる。出る目の差の絶対値を$X$とするとき，次の問いに答えよ。

(1) $X$の確率分布を求めよ。　　(2) $P(0 \leqq X \leqq 2)$を求めよ。

## 2 確率変数の平均

確率変数 $X$ の確率分布が右の表で与えられたとき

| $X$ | $x_1$ | $x_2$ | $\cdots$ | $x_n$ | 計 |
|---|---|---|---|---|---|
| $P$ | $p_1$ | $p_2$ | $\cdots$ | $p_n$ | 1 |

$$x_1p_1+x_2p_2+\cdots+x_np_n$$

を $X$ の **期待値** または **平均値** といい $\boldsymbol{E(X)}$ または $\boldsymbol{m}$ で表す。

**確率変数の平均**

$$\boldsymbol{E(X)=x_1p_1+x_2p_2+\cdots+x_np_n=\sum_{k=1}^{n}x_kp_k}$$

注意 $E(X)$ の $E$ は，期待値を意味する expectation の頭文字である。また，$m$ は平均値を意味する mean value の頭文字である。

**例2** 20本のくじの中に，500円の当たりくじが1本，200円の当たりくじが3本あり，残りははずれくじである。このくじを1本引くとき，当たる金額を $X$ とすると，$X$ の確率分布は，右の表のようになる。このとき，当たる金額 $X$ の期待値は

| $X$ | 500 | 200 | 0 | 計 |
|---|---|---|---|---|
| $P$ | $\frac{1}{20}$ | $\frac{3}{20}$ | $\frac{16}{20}$ | 1 |

$$E(X)=500\times\frac{1}{20}+200\times\frac{3}{20}+0\times\frac{16}{20}=55\ (円)$$

**例3** 1個のさいころを投げるとき，出る目を $X$ とする。$X$ の確率分布は右の表のようになる。このとき，$X$ の平均は

| $X$ | 1 | 2 | 3 | 4 | 5 | 6 | 計 |
|---|---|---|---|---|---|---|---|
| $P$ | $\frac{1}{6}$ | $\frac{1}{6}$ | $\frac{1}{6}$ | $\frac{1}{6}$ | $\frac{1}{6}$ | $\frac{1}{6}$ | 1 |

$$E(X)=1\times\frac{1}{6}+2\times\frac{1}{6}+3\times\frac{1}{6}+4\times\frac{1}{6}+5\times\frac{1}{6}+6\times\frac{1}{6}$$

$$=\frac{7}{2}$$

**練習3** 4枚の硬貨を同時に投げるとき，表の出る枚数を $X$ とする。このとき，$X$ の確率分布と平均を求めよ。

## 3 確率変数の分散・標準偏差

2つの確率変数 $X$，$Y$ の確率分布が下の表で与えられている。

| $X$ | 1 | 2 | 3 | 4 | 5 | 計 |
|---|---|---|---|---|---|---|
| $P$ | $\frac{1}{9}$ | $\frac{2}{9}$ | $\frac{3}{9}$ | $\frac{2}{9}$ | $\frac{1}{9}$ | 1 |

| $Y$ | 1 | 2 | 3 | 4 | 5 | 計 |
|---|---|---|---|---|---|---|
| $P$ | $\frac{3}{9}$ | $\frac{1}{9}$ | $\frac{1}{9}$ | $\frac{1}{9}$ | $\frac{3}{9}$ | 1 |

このとき，それぞれの平均を計算すると

$$E(X)=1\times\frac{1}{9}+2\times\frac{2}{9}+3\times\frac{3}{9}+4\times\frac{2}{9}+5\times\frac{1}{9}=\frac{27}{9}=3$$

$$E(Y)=1\times\frac{3}{9}+2\times\frac{1}{9}+3\times\frac{1}{9}+4\times\frac{1}{9}+5\times\frac{3}{9}=\frac{27}{9}=3$$

となり，平均は等しくなる。ところで，分布のようすは下の図のようになり，$X$ は $Y$ より平均の近くの値をとることが多く，散らばりが少ないことがわかる。

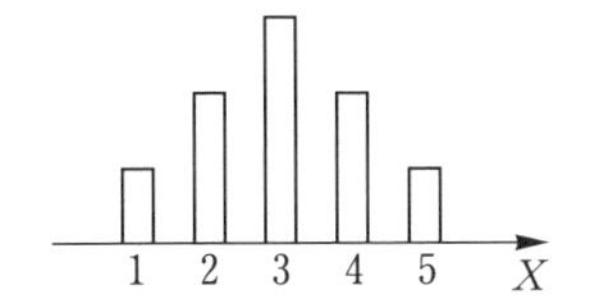


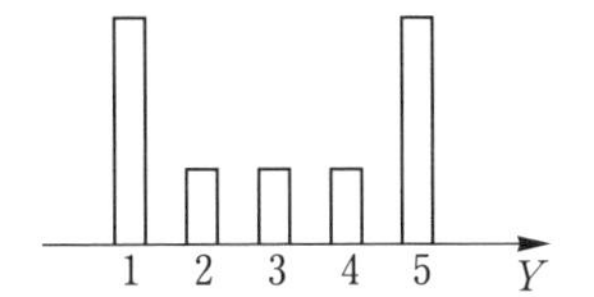


ここで，確率変数の平均のまわりの散らばりの程度を数値で表すことを考えてみよう。

確率変数 $X$ の確率分布が右の表で与えられたとき，$X$ の平均を $m$ とする。このとき，散らばりの程度を表すものとして，確率変数 $X$ と平均 $m$ との差を平方し，その平方の平均

| $X$ | $x_1$ | $x_2$ | $\cdots$ | $x_n$ | 計 |
|---|---|---|---|---|---|
| $P$ | $p_1$ | $p_2$ | $\cdots$ | $p_n$ | 1 |

$$E((X-m)^2)=(x_1-m)^2p_1+(x_2-m)^2p_2+\cdots\cdots+(x_n-m)^2p_n$$

を考える。この値を **分散** といい **$V(X)$** で表す。

すなわち

$$V(X)=\sum_{k=1}^{n}(x_k-m)^2p_k$$

**練習4**　確率変数 $X$ と平均 $m$ との差の平均

$$E(X-m)=(x_1-m)p_1+(x_2-m)p_2+\cdots\cdots+(x_n-m)p_n$$

は0となることを示せ。

散らばりの程度を示す数値として，分散の正の平方根 $\sqrt{V(X)}$ を用いることが多い。この数値を **標準偏差** といい $\boldsymbol{\sigma(X)}$ で表す。

**確率変数の分散・標準偏差**

**分散**　$$\boldsymbol{V(X)=E((X-m)^2)=\sum_{k=1}^{n}(x_k-m)^2p_k}$$

**標準偏差**　$$\boldsymbol{\sigma(X)=\sqrt{V(X)}=\sqrt{\sum_{k=1}^{n}(x_k-m)^2p_k}}$$

**例4**　前ページの確率変数 $X$ の分散と標準偏差を求めてみよう。

$$V(X)=(1-3)^2\times\frac{1}{9}+(2-3)^2\times\frac{2}{9}+(3-3)^2\times\frac{3}{9}$$
$$+(4-3)^2\times\frac{2}{9}+(5-3)^2\times\frac{1}{9}=\frac{4}{3}$$

$$\sigma(X)=\sqrt{V(X)}=\frac{2\sqrt{3}}{3}$$

**練習5**　前ページの確率変数 $Y$ の分散と標準偏差を求めよ。

分散 $V(X)$ の式を記号 $\Sigma$ の性質を用いて変形してみよう。

$$V(X)=\sum_{k=1}^{n}(x_k-m)^2p_k=\sum_{k=1}^{n}(x_k{}^2p_k-2mx_kp_k+m^2p_k)$$
$$=\sum_{k=1}^{n}x_k{}^2p_k-2m\sum_{k=1}^{n}x_kp_k+m^2\sum_{k=1}^{n}p_k$$
$$=E(X^2)-2m\times m+m^2\times 1=E(X^2)-m^2$$

したがって，分散，標準偏差について次のことが成り立つ。

**分散・標準偏差**

$$\boldsymbol{V(X)=E(X^2)-\{E(X)\}^2}$$
$$\boldsymbol{\sigma(X)=\sqrt{E(X^2)-\{E(X)\}^2}}$$

**例題 2** 青球 4 個と白球 6 個が入っている袋の中から，2 個の球を同時に取り出し，その中に含まれている青球の個数を $X$ とする。このとき，確率変数 $X$ の平均と標準偏差を求めよ。

**解** $X$ は，0，1，2 の値をとる確率変数であって，

その確率分布は

$$P(X=0)=\frac{{}_6C_2}{{}_{10}C_2}=\frac{1}{3}$$

$$P(X=1)=\frac{{}_4C_1\times{}_6C_1}{{}_{10}C_2}=\frac{8}{15}$$

$$P(X=2)=\frac{{}_4C_2}{{}_{10}C_2}=\frac{2}{15}$$

| $X$ | 0 | 1 | 2 | 計 |
|---|---|---|---|---|
| $P$ | $\frac{1}{3}$ | $\frac{8}{15}$ | $\frac{2}{15}$ | 1 |

したがって，$X$ の平均は

$$E(X)=0\times\frac{1}{3}+1\times\frac{8}{15}+2\times\frac{2}{15}=\frac{4}{5}$$

また

$$E(X^2)=0^2\times\frac{1}{3}+1^2\times\frac{8}{15}+2^2\times\frac{2}{15}=\frac{16}{15}$$

であるから，$X$ の標準偏差は

$$\sigma(X)=\sqrt{E(X^2)-\{E(X)\}^2}$$

$$=\sqrt{\frac{16}{15}-\left(\frac{4}{5}\right)^2}$$

$$=\sqrt{\frac{32}{75}}=\frac{4\sqrt{6}}{15}$$

よって，**平均は $\frac{4}{5}$，標準偏差は $\frac{4\sqrt{6}}{15}$**

**練習6** 3 本の当たりくじを含む 10 本のくじがある。2 本のくじを同時に引くとき，その中に含まれる当たりくじの本数を $X$ として，確率変数 $X$ の平均と標準偏差を求めよ。

## 4 $aX+b$ の平均・分散・標準偏差

確率変数 $X$ と確率分布が右の表で与えられているとき，$a$，$b$ を定数として

| $X$ | $x_1$ | $x_2$ | $\cdots$ | $x_n$ | 計 |
|---|---|---|---|---|---|
| $P$ | $p_1$ | $p_2$ | $\cdots$ | $p_n$ | 1 |

$$Y=aX+b$$

とすると，$Y$ は

$$y_k=ax_k+b \quad (k=1, 2, \cdots, n)$$

で定まる値 $y_1$，$y_2$，$\cdots$，$y_n$ をとる確率変数である。このとき，

$$P(Y=y_k)=P(X=x_k)$$

であるから，$Y$ の確率分布は右の表のようになる。

| $Y$ | $y_1$ | $y_2$ | $\cdots$ | $y_n$ | 計 |
|---|---|---|---|---|---|
| $P$ | $p_1$ | $p_2$ | $\cdots$ | $p_n$ | 1 |

ここで，$Y$ の平均を $X$ の平均を用いて表すと

$$\begin{aligned} E(Y) &= \sum_{k=1}^{n} y_k p_k \\ &= \sum_{k=1}^{n}(ax_k+b)p_k \\ &= a\sum_{k=1}^{n} x_k p_k + b\sum_{k=1}^{n} p_k = aE(X)+b \end{aligned}$$

$\leftarrow \sum_{k=1}^{n} p_k=1$

次に，$E(X)=m$ とおいて $Y$ の分散を $X$ の分散で表すと

$$\begin{aligned} V(Y) &= \sum_{k=1}^{n}\{y_k-(am+b)\}^2 p_k \\ &= \sum_{k=1}^{n}\{(ax_k+b)-(am+b)\}^2 p_k \\ &= \sum_{k=1}^{n}(ax_k-am)^2 p_k \\ &= a^2\sum_{k=1}^{n}(x_k-m)^2 p_k = a^2V(X) \end{aligned}$$

よって，次のことが成り立つ。

**$aX+b$ の平均・分散・標準偏差**

$a$，$b$ を定数，$X$ を確率変数とするとき

$$\boldsymbol{E(aX+b)=aE(X)+b}$$

$$\boldsymbol{V(aX+b)=a^2V(X),}$$

$$\boldsymbol{\sigma(aX+b)=|a|\sigma(X)}$$

**例5** 71ページの例題2の確率変数 $X$ に対して，新たに

$$Y = 10X + 20$$

で与えられる確率変数 $Y$ の平均と標準偏差を求めてみよう。

$$E(X) = \frac{4}{5}, \quad \sigma(X) = \frac{4\sqrt{6}}{15}$$

であるから

$$\begin{aligned} E(Y) &= E(10X + 20) \\ &= 10E(X) + 20 \\ &= 10 \times \frac{4}{5} + 20 = 28 \end{aligned}$$

$$\begin{aligned} \sigma(Y) &= \sigma(10X + 20) \\ &= |10|\sigma(X) \\ &= 10 \times \frac{4\sqrt{6}}{15} = \frac{8\sqrt{6}}{3} \end{aligned}$$

**練習7** $E(X) = 5$，$\sigma(X) = 2$ のとき，確率変数 $Y = -2X + 3$ の平均と標準偏差を求めよ。

**例題3** 確率変数 $X$ の平均を $m$，標準偏差を $\sigma$ とする。$Z = aX + b$ で表される確率変数 $Z$ の平均が0，標準偏差が1となるように定数 $a$，$b$ の値を定めよ。ただし，$a > 0$ とする。

**解** $E(Z) = E(aX + b) = aE(X) + b = am + b$

$E(Z) = 0$ から　$am + b = 0$　……①

$\sigma(Z) = \sigma(aX + b) = |a|\sigma(X) = a\sigma(X) = a\sigma$

$\sigma(Z) = 1$ から　$a\sigma = 1$　……②

①，②より　$\boldsymbol{a = \frac{1}{\sigma}}$，$\boldsymbol{b = -\frac{m}{\sigma}}$

**練習8** $E(X) = m$，$\sigma(X) = \sigma$ のとき，確率変数 $Z = aX + b$ の平均が50，標準偏差が10となるように定数 $a$，$b$ の値を定めよ。ただし，$a > 0$ とする。

## 5 確率変数の和の平均

例6 白の3枚のカードには，それぞれ1，2，2の数字が書いてあり，青の2枚のカードには，それぞれ2，3の数字が書いてある。これら5枚のカードから1枚を抜き取るとき，白であれば0，青であれば1をとる確率変数を$X$とし，カードに書いてある数字を確率変数$Y$とする。

1 2 2

2 3

たとえば，$X=0$，$Y=1$ は白で数字が1のカードであるから，その確率は$\frac{1}{5}$である。

他の確率も求めると右の表のようになる。

| X＼Y | 1 | 2 | 3 | 計 |
|---|---|---|---|---|
| 0 | $\frac{1}{5}$ | $\frac{2}{5}$ | 0 | $\frac{3}{5}$ |
| 1 | 0 | $\frac{1}{5}$ | $\frac{1}{5}$ | $\frac{2}{5}$ |
| 計 | $\frac{1}{5}$ | $\frac{3}{5}$ | $\frac{1}{5}$ | 1 |

この表から

$$E(X)=0\times\frac{3}{5}+1\times\frac{2}{5}=\frac{2}{5}$$

$$E(Y)=1\times\frac{1}{5}+2\times\frac{3}{5}+3\times\frac{1}{5}=2$$

ここで，$Z=X+Y$ とおくと，$Z$は1，2，3，4の値をとる確率変数であり，確率分布は右の表のようになる。

| $Z$ | 1 | 2 | 3 | 4 | 計 |
|---|---|---|---|---|---|
| $P$ | $\frac{1}{5}$ | $\frac{2}{5}$ | $\frac{1}{5}$ | $\frac{1}{5}$ | 1 |

したがって，$Z$の平均は

$$E(Z)=1\times\frac{1}{5}+2\times\frac{2}{5}+3\times\frac{1}{5}+4\times\frac{1}{5}=\frac{12}{5}$$

となり，次の等式が成り立つ。

$$E(Z)=E(X)+E(Y)$$

すなわち

$$E(X+Y)=E(X)+E(Y)$$

いま，2つの確率変数 $X$，$Y$ が $X=x_1, x_2$，$Y=y_1, y_2$ の値をとるとき，$X=x_i$，$Y=y_j$ となる確率を $p_{ij}$ とする。

また，

$$P(X=x_i)=p_i,\quad P(Y=y_j)=q_j$$

とすると，右のような表にまとめられる。

| $X$ \ $Y$ | $y_1$ | $y_2$ | 計 |
|---|---|---|---|
| $x_1$ | $p_{11}$ | $p_{12}$ | $p_1$ |
| $x_2$ | $p_{21}$ | $p_{22}$ | $p_2$ |
| 計 | $q_1$ | $q_2$ | 1 |

ここで，$Z=X+Y$ とおくと

$X=x_i$，$Y=y_j$ のとき $Z$ は $x_i+y_j$ の値をとる確率変数であり，その確率は $p_{ij}$ であるから

$$\begin{aligned} E(Z) &= (x_1+y_1)p_{11}+(x_1+y_2)p_{12}+(x_2+y_1)p_{21}+(x_2+y_2)p_{22} \\ &= x_1(p_{11}+p_{12})+x_2(p_{21}+p_{22})+y_1(p_{11}+p_{21})+y_2(p_{12}+p_{22}) \\ &= (x_1p_1+x_2p_2)+(y_1q_1+y_2q_2) \\ &= E(X)+E(Y) \end{aligned}$$

すなわち

$$E(X+Y)=E(X)+E(Y)$$

一般に，2つの確率変数 $X$，$Y$ に対して次のことが成り立つ。

**確率変数の和の平均**

$$\boldsymbol{E(X+Y)=E(X)+E(Y)}$$

上の性質は，3つ以上の確率変数についても同様に成り立つ。

**例7** さいころを2回続けて投げるとき，1回目に出る目の数を $X$，2回目に出る目の数を $Y$ とすると

$$E(X)=E(Y)=\frac{7}{2}\qquad \text{であるから，}$$

1回目と2回目に出る目の数の和 $X+Y$ の平均は

$$E(X+Y)=E(X)+E(Y)=\frac{7}{2}+\frac{7}{2}=7$$

**練習9** 3個のさいころを同時に投げるとき，出る目の数の和の平均を求めよ。

## 6 独立な確率変数

2つの確率変数$X$，$Y$について，$X$が $X=a$，$Y$が $Y=b$ である確率を，$P(X=a,\ Y=b)$ で表す。$X$がとる任意の値 $x_i$ と $Y$がとる任意の値 $y_j$ に対して

$$P(X=x_i,\ Y=y_j)=P(X=x_i)\times P(Y=y_j)$$

がつねに成り立つとき，確率変数$X$と$Y$は互いに独立であるという。3つ以上の確率変数の独立も同様にして定められる。

2つの独立な試行 $T_1$，$T_2$ において，$T_1$ の結果によって定まる確率変数$X$と$T_2$ の結果によって定まる確率変数$Y$とは互いに独立である。

**練習10** 74ページの例6で取り上げた確率変数$X$と$Y$は独立か調べよ。

いま，2つの独立な確率変数$X$，$Y$が $X=x_1,\ x_2$，$Y=y_1,\ y_2$ の値をとり，それぞれの確率分布は，下の表で与えられているとする。

| $X$ | $x_1$ | $x_2$ | 計 |
|---|---|---|---|
| $P$ | $p_1$ | $p_2$ | 1 |

| $Y$ | $y_1$ | $y_2$ | 計 |
|---|---|---|---|
| $P$ | $q_1$ | $q_2$ | 1 |

$X$と$Y$は独立であるから

$$P(X=x_i,\ Y=y_j)=p_iq_j$$

となり，右の表のようにまとめられる。

| $X$ ＼ $Y$ | $y_1$ | $y_2$ | 計 |
|---|---|---|---|
| $x_1$ | $p_1q_1$ | $p_1q_2$ | $p_1$ |
| $x_2$ | $p_2q_1$ | $p_2q_2$ | $p_2$ |
| 計 | $q_1$ | $q_2$ | 1 |

ここで $Z=XY$ とおくと $X=x_i$，$Y=y_j$ のとき，$Z$は $x_iy_j$ の値をとる確率変数であり，その確率は $p_iq_j$ であるから，$Z$の平均は

$$\begin{aligned}E(Z)&=x_1y_1p_1q_1+x_1y_2p_1q_2+x_2y_1p_2q_1+x_2y_2p_2q_2\\&=(x_1p_1+x_2p_2)(y_1q_1+y_2q_2)\\&=E(X)E(Y)\end{aligned}$$

すなわち

$$E(XY)=E(X)E(Y)$$

一般に，2つの独立な確率変数$X$，$Y$に対して次のことが成り立つ。

**独立な確率変数の積の平均**

$X$ と $Y$ が独立であるとき

$$E(XY)=E(X)E(Y)$$

また，2つの確率変数 $X$ と $Y$ が互いに独立であるとき，和の分散 $V(X+Y)$ について次のことが成り立つ。

**独立な確率変数の和の分散**

$X$ と $Y$ が独立であるとき

$$V(X+Y)=V(X)+V(Y)$$

3つ以上の独立な確率変数についても同様のことが成り立つ。

**練習11** $X$ と $Y$ が独立であるとき，$V(X+Y)=V(X)+V(Y)$ が成り立つことを示せ。

**例8** 大小2個のさいころを投げるとき，出る目をそれぞれ $X$，$Y$ とする。このとき，$X+Y$ の分散を求めてみよう。

$$V(X)=E(X^2)-\{E(X)\}^2$$

$$=(1^2+2^2+3^2+4^2+5^2+6^2)\times\frac{1}{6}-\left(\frac{7}{2}\right)^2=\frac{35}{12}$$

で，$V(X)=V(Y)$ であり，$X$ と $Y$ は互いに独立であるから

$$V(X+Y)=V(X)+V(Y)=\frac{35}{12}+\frac{35}{12}=\frac{35}{6}$$

**練習12** 互いに独立な確率変数 $X$，$Y$ の確率分布が右の表で与えられたとき，次の値を求めよ。

(1) $X$ と $Y$ の平均，分散

(2) $XY$ の平均

(3) $X+Y$ の分散

| $X$ | 1 | 2 | 3 | 計 |
|---|---|---|---|---|
| $P$ | 0.2 | 0.5 | 0.3 | 1 |

| $Y$ | 1 | 3 | 計 |
|---|---|---|---|
| $P$ | 0.1 | 0.9 | 1 |

# 2 二項分布

## 1 二項分布

1個のさいころを続けて5回投げるとき，1の目が2回だけ出る確率は1章で学んだ反復試行の確率で

$$ {}_5C_2\left(\frac{1}{6}\right)^2\left(\frac{5}{6}\right)^3 = 10\times\frac{5^3}{6^5} = \frac{625}{3888} $$

として求められる。

一般に，1回の試行で，ある事象 $A$ の起こる確率を $p$ とする。この試行を $n$ 回繰り返す反復試行において，事象 $A$ が $r$ 回起こる確率は

$$ {}_nC_r p^r(1-p)^{n-r} $$

である。

ここで，$n$ 回のうち事象 $A$ の起こる回数を $X$ とすると，$X$ は，0，1，2，…，$n$ の値をとる確率変数である。

$X=r$ となる確率は $q=1-p$ とおくと

$$ P(X=r) = {}_nC_r p^r q^{n-r} \quad (r=0, 1, 2, \cdots, n) $$

である。

よって，$X$ の確率分布は下の表のようになる。

| $X$ | 0 | 1 | … | $r$ | … | $n$ | 計 |
|---|---|---|---|---|---|---|---|
| $P$ | ${}_nC_0q^n$ | ${}_nC_1pq^{n-1}$ | … | ${}_nC_rp^rq^{n-r}$ | … | ${}_nC_np^n$ | 1 |

ところで，$p$，$q$ の2項からなる式 $(q+p)^n$ の展開式は

$$ (q+p)^n = {}_nC_0q^n + {}_nC_1pq^{n-1} + \cdots + {}_nC_rp^rq^{n-r} + \cdots + {}_nC_np^n $$
$$ = \sum_{r=0}^{n} {}_nC_r p^r q^{n-r} $$

である。

上の表の確率は，この展開式の各項に等しい。そこで，このような確率分布を**二項分布** という。

この二項分布は，$n$ と $p$ の値によって定まるので $\boldsymbol{B(n,\ p)}$ で表す。

また，確率変数 $X$ の確率分布が $B(n,\ p)$ であるとき，$X$ は **二項分布 $B(n,\ p)$ に従う** という。

**例 9** 1 個のさいころを 5 回投げるとき，1 の目が出る回数を $X$ とする。

$X$ は二項分布 $B\left(5,\ \dfrac{1}{6}\right)$ に従い

$$P(X=r)={}_5\mathrm{C}_r\left(\frac{1}{6}\right)^r\left(\frac{5}{6}\right)^{5-r} \quad (r=0, 1, 2, 3, 4, 5)$$

であるから，$X$ の確率分布は下の表のようになる。

| $X$ | 0 | 1 | 2 | 3 | 4 | 5 | 計 |
|---|---|---|---|---|---|---|---|
| $P$ | $\dfrac{3125}{7776}$ | $\dfrac{3125}{7776}$ | $\dfrac{1250}{7776}$ | $\dfrac{250}{7776}$ | $\dfrac{25}{7776}$ | $\dfrac{1}{7776}$ | 1 |

また，このとき 1 の目が 4 回以上出る確率 $P(X\geqq 4)$ は

$$\begin{aligned}&P(X\geqq 4)\\&=P(X=4)+P(X=5)\\&=\frac{25}{7776}+\frac{1}{7776}\\&=\frac{26}{7776}\\&=\frac{13}{3888}\end{aligned}$$

なお，この二項分布 $B\left(5,\ \dfrac{1}{6}\right)$ のようすは，右の図のようになる。

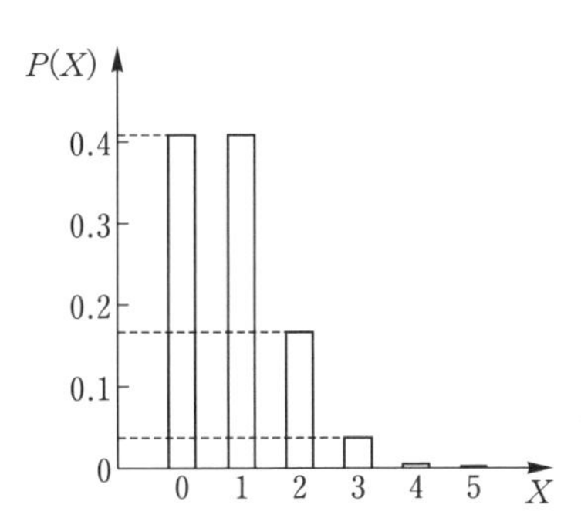


**練習 13** 赤球 2 個と白球 1 個が入っている袋から，1 個の球を取り出し，球の色を確認してもとに戻す試行を 5 回繰り返す。このとき，赤球を取り出す回数 $X$ の確率分布を求めよ。また，確率 $P(X\geqq 4)$ を求めよ。

## 2 二項分布の平均と分散

1回の試行である事象$A$の起こる確率が$p$である独立試行を$n$回繰り返す反復試行において，第$r$回目に事象$A$が起これば1，起こらなければ0の各値をとる確率変数を$X_r$とする。

$q=1-p$ とすると，$X_r$の確率分布は $r=1$，2，…，$n$のどの$r$の値に対しても，つねに右の表のようになる。

| $X_r$ | 0 | 1 | 計 |
| --- | --- | --- | --- |
| $P$ | $q$ | $p$ | 1 |

よって，$X_r$の平均と分散は

$$E(X_r)=0\times q+1\times p=p$$
$$V(X_r)=E({X_r}^2)-\{E(X_r)\}^2$$
$$=(0^2\times q+1^2\times p)-p^2=p(1-p)=pq$$

となる。

次に，これらの$X_r$を用いて

$$X=X_1+X_2+\cdots\cdots+X_n$$

とおくと，$X$は$n$回のこの試行のうちで事象$A$が起こる回数を表す確率変数となるから，$X$は二項分布$B(n,\ p)$に従う。

このXの平均と分散を求めると

$$E(X)=E(X_1+X_2+\cdots+X_n)$$ ←75ページの公式
$$=E(X_1)+E(X_2)+\cdots+E(X_n)$$
$$=p+p+\cdots+p=np$$

また，$X_1$，$X_2$，…，$X_n$は互いに独立な確率変数であるから

$$V(X)=V(X_1+X_2+\cdots+X_n)$$ ←77ページの公式
$$=V(X_1)+V(X_2)+\cdots+V(X_n)$$
$$=pq+pq+\cdots+pq=npq$$

よって，次のことが成り立つ。

**二項分布の平均・分散・標準偏差**

確率変数$X$が$B(n,\ p)$に従うとき，$q=1-p$ とすると

$$\boldsymbol{E(X)=np,\quad V(X)=npq,\quad \sigma(X)=\sqrt{npq}}$$

**例10** 1枚の硬貨を100回投げるとき，表の出る回数を$X$とすれば，$X$は二項分布$B\left(100,\ \frac{1}{2}\right)$に従うから，$X$の平均と標準偏差は

$$E(X)=100\times\frac{1}{2}=50\qquad \sigma(X)=\sqrt{100\times\frac{1}{2}\times\frac{1}{2}}=5$$

**練習14** 1個のさいころを600回投げるとき，1の目が出る回数$X$の平均と標準偏差を求めよ。

**例題 4** 1個のさいころを20回投げて，1回ごとに，4以下の目が出たときは2点を得るが，5以上の目が出たときは4点を失うゲームを考える。合計点数の平均と標準偏差を求めよ。

**解** 4以下の目が出る回数を$X$，合計点数を$Z$とすると，5以上の目が出る回数は$20-X$であるから

$$Z=2X-4(20-X)=6X-80$$

$X$は二項分布$B\left(20,\ \frac{2}{3}\right)$に従うから

$$E(X)=20\times\frac{2}{3}=\frac{40}{3}$$

$$\sigma(X)=\sqrt{20\times\frac{2}{3}\times\frac{1}{3}}=\frac{2\sqrt{10}}{3}$$

よって，求める平均と標準偏差は

$$E(Z)=E(6X-80)=6E(X)-80=6\times\frac{40}{3}-80=\mathbf{0}$$

$$\sigma(Z)=\sigma(6X-80)=|6|\sigma(X)=6\times\frac{2\sqrt{10}}{3}=\mathbf{4\sqrt{10}}$$

**練習15** 上の例題4で，2以下の目が出たときは3点を得るが，3以上の目が出たときは3点を失うとして，合計点数の平均と標準偏差を求めよ。

# 2 正規分布

## 1 正規分布

前の節で学んだ，ものの個数や起こった回数などのように，とびとびの値をとる確率変数を **離散的な確率変数** という。これに対して，ある範囲のすべての実数値をとるような確率変数を **連続的な確率変数** という。

### 1 連続分布

1巻の紙テープから目測で10 cmの長さになるようにテープを切り取る実験を行う。この実験で切り取ったテープの長さを$X$cmとすると，この$X$は10近くのあらゆる実数値をとる連続的な確率変数である。

このテープ切りの実験を$N$回繰り返して得た$X$の値の度数分布を下の表のように整理する。

| 階級(cm) 以上　未満 | 度数 |
|---|---|
| $a_1$〜$a_2$ | $f_1$ |
| $a_2$〜$a_3$ | $f_2$ |
| ⋮ | ⋮ |
| $a_i$〜$a_{i+1}$ | $f_i$ |
| ⋮ | ⋮ |
| $a_n$〜$a_{n+1}$ | $f_n$ |
| 合計 | $N$ |

このとき，次のような要領で相対度数の分布を柱状のグラフで表してみよう。

階級の幅を$r$として，階級$a_i$〜$a_{i+1}$の柱状の部分の高さを$h_i$とするとき

$$r \times h_i = \frac{f_i}{N}$$

$$= \frac{\text{階級の度数}}{\text{全体の度数}}$$

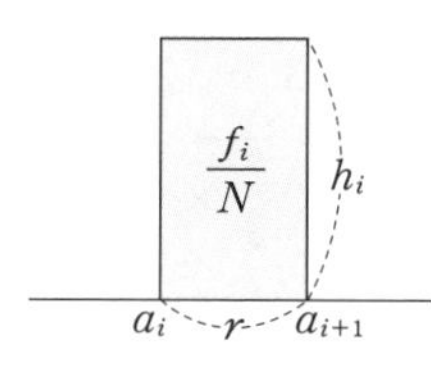


を満たすように$h_i$をとる。

すなわち，柱状の部分の面積がその階級の相対度数と等しくなるように$h_i$を定める。このように定めて，すべての階級について柱状のグラフをかいてみよう。

100回の実験から得られた資料を $r = 0.2$ としてかいたものが図1であり，200回の実験から得られた資料を $r = 0.1$ としてかいたものが図2である。

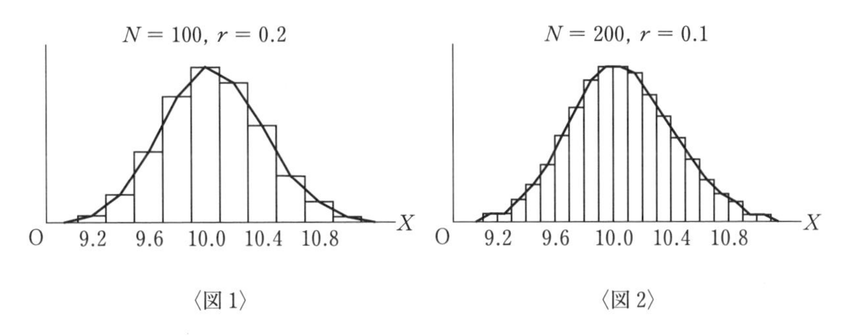


〈図 1〉　〈図 2〉

なお，これらのヒストグラムの全面積はいずれも 1 となる。

以下同様に，実験回数を増やすとともに階級の幅を小さくしながらヒストグラムをかき続けると，このヒストグラムの各長方形の上の辺の中点を順に結んだ折れ線は，ある一定の曲線に近づいていく。この曲線を $X$ の **分布曲線** という。

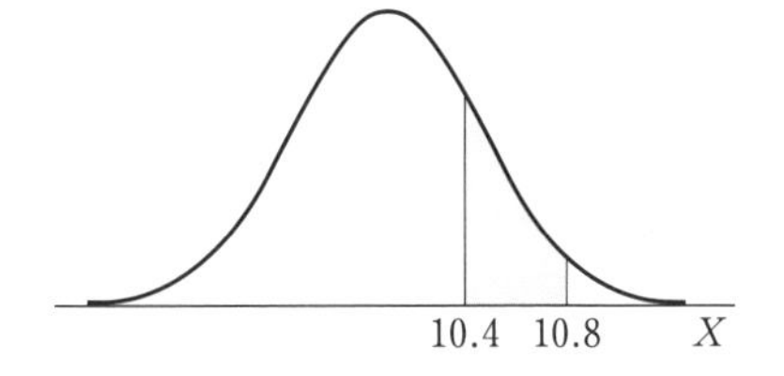


この分布曲線について右の図の青色の部分の面積は，資料が $10.4 \leqq X < 10.8$ の範囲に入る相対度数が近づく値，すなわち $X$ が $10.4 \leqq X < 10.8$ となる確率

$$P(10.4 \leqq X < 10.8)$$

を表している。

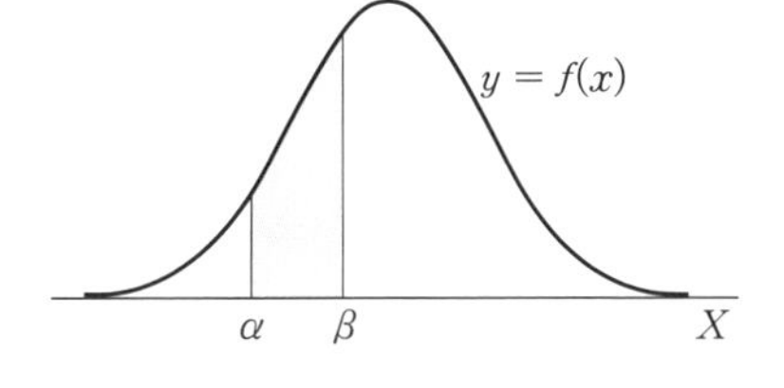


一般に，連続的な確率変数 $X$ の分布曲線が $y=f(x)$ で表されるとき，関数 $f(x)$ を **確率密度関数** という。微分積分Ⅰで学んだ定積分の記号を用いて表すと

$$\boldsymbol{P(\alpha \leqq X \leqq \beta) = \int_{\alpha}^{\beta} f(x)\,dx}$$

なお，$P(\alpha \leqq X < \beta)$，$P(\alpha < X \leqq \beta)$，$P(\alpha < X < \beta)$ などは，いずれも図の同じ青色部分の面積と考えられるから，いずれも $P(\alpha \leqq X \leqq \beta)$ に等しい。

ここで，$X$ のとりうる値の範囲が $a \leqq X \leqq b$ であるとき，

$$\int_a^b f(x)\,dx = 1$$

である。このとき，$a \leqq x \leqq b$ の範囲外にある $x$ については $f(x) = 0$ であると定めることにより，$f(x)$ は実数全体で定義されていると考えることができる。

連続的な確率変数 $X$ のとりうる値の範囲が $a \leqq X \leqq b$ で，確率密度関数が $f(x)$ であるとき，$X$ の平均 $E(X)$，分散 $V(X)$，標準偏差 $\sigma(X)$ は次の式で与えられる。

$$\boldsymbol{E(X) = \int_a^b xf(x)\,dx,}$$

$$\boldsymbol{V(X) = \int_a^b (x-m)^2 f(x)\,dx}$$

$$\boldsymbol{\sigma(X) = \sqrt{V(X)}}$$

ただし，$m = E(X)$ である。

**例1** 区間 $0 \leqq X \leqq 2$ のすべての値をとる確率変数 $X$ の確率密度関数が

$$f(x) = \frac{1}{2}x$$

であるとき

$$P(0 \leqq X \leqq 1) = \int_0^1 \frac{1}{2}x\,dx = \left[\frac{1}{4}x^2\right]_0^1 = \frac{1}{4}$$

また，平均は

$$E(X) = \int_0^2 xf(x)\,dx = \int_0^2 \frac{1}{2}x^2\,dx = \left[\frac{1}{6}x^3\right]_0^2 = \frac{4}{3}$$

**練習1** 例1の確率変数 $X$ について，次の確率を求めよ。

(1) $P(1 \leqq X \leqq 1.5)$　　(2) $P(1.5 < X < 2)$

連続的な確率変数 $X$ についても，次の性質が成り立つことが知られている。ただし，$a$，$b$ は定数である。

$$\boldsymbol{E(aX+b) = aE(X)+b, \qquad \sigma(aX+b) = |a|\sigma(X)}$$

## 2　正規分布

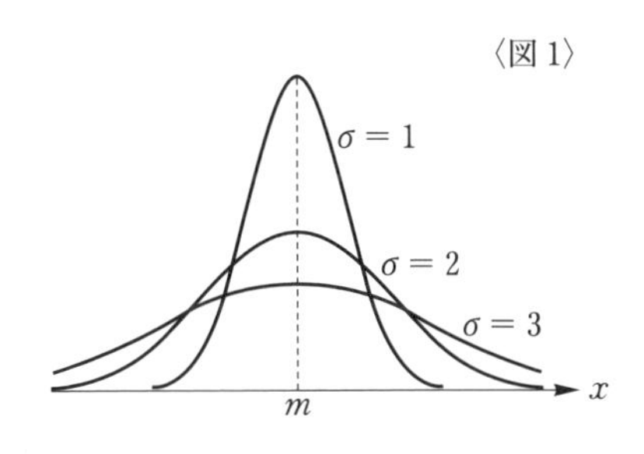


連続的な確率変数 $X$ の確率密度関数 $f(x)$ が

$$f(x)=\frac{1}{\sqrt{2\pi}\sigma}e^{-\frac{(x-m)^2}{2\sigma^2}}$$

で与えられるとき，$X$ の分布は平均 $m$，標準偏差 $\sigma$ の **正規分布** であるといい，$\boldsymbol{N(m,\ \sigma^2)}$ で表す。

ここで，$e$ は無理数でその値は $e=2.71828\cdots\cdots$ であり，$y=f(x)$ のグラフは上の図 1 のような，直線 $x=m$ に関して対称な曲線となる。この曲線を **正規分布曲線** という。

$X$ が正規分布 $N(m,\ \sigma^2)$ に従うとき

$$\boldsymbol{P(m-\sigma \leqq X \leqq m+\sigma)=0.6826}$$
$$\boldsymbol{P(m-2\sigma \leqq X \leqq m+2\sigma)=0.9544}$$
$$\boldsymbol{P(m-3\sigma \leqq X \leqq m+3\sigma)=0.9974}$$

であることが知られている。

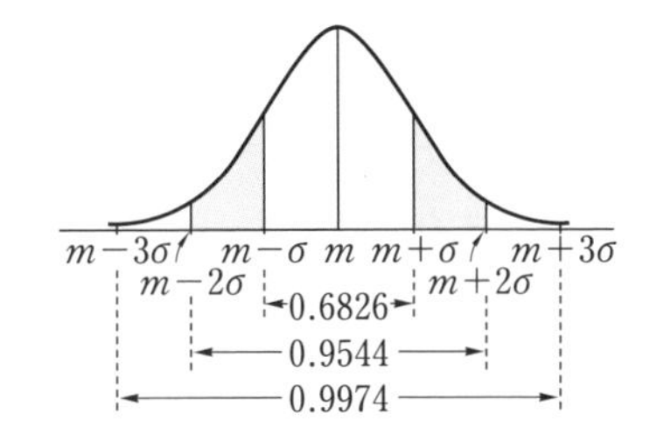


とくに，$m=0$，$\sigma=1$ の正規分布 $N(0,\ 1)$ を **標準正規分布** という。

標準正規分布の確率密度関数は

$$f(z)=\frac{1}{\sqrt{2\pi}}e^{-\frac{z^2}{2}}$$

であり，分布曲線は右の図 2 のようになる。

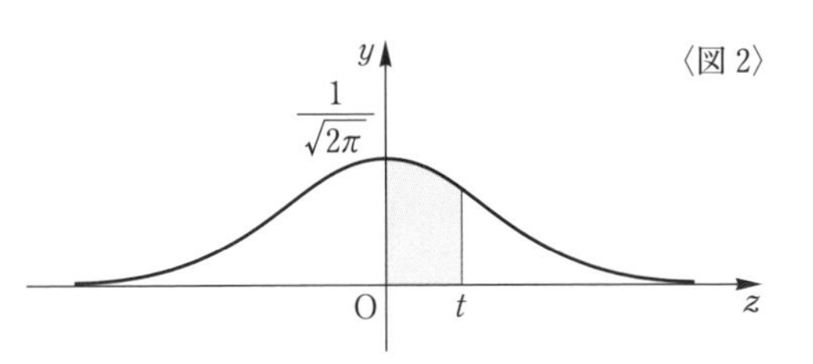


確率変数 $Z$ が標準正規分布に従うとき，図 2 の青色部分の面積，すなわち $P(0 \leqq Z \leqq t)$ は正規分布表から求めることができる。正規分布表は，本書の巻末に付してある。

また，標準正規分布曲線は $y$ 軸に関して対称であるから，$t>0$ のとき次の式が成り立つ。

$$P(-t \leqq Z \leqq 0)=P(0 \leqq Z \leqq t)$$

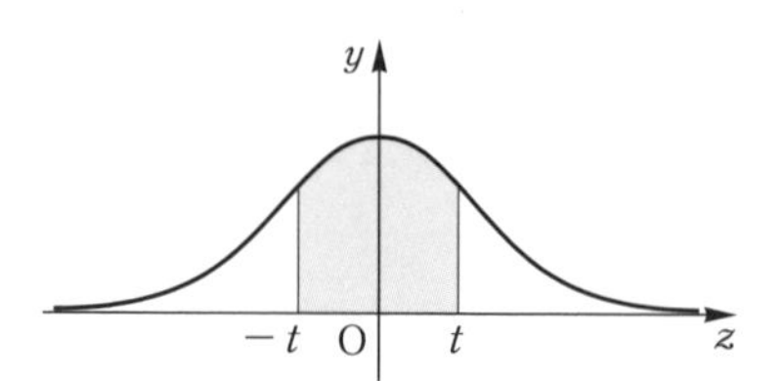


**例2** 確率変数 $Z$ が，標準正規分布 $N(0,\ 1)$ に従うとき，巻末の正規分布表から

$P(0 \leqq Z \leqq 1)=0.3413$

$P(0 \leqq Z \leqq 1.45)=0.4265$

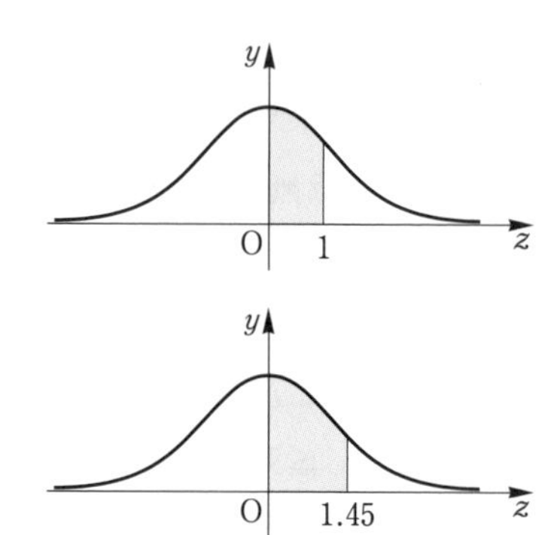


標準正規分布曲線が，$y$ 軸に関して対称であるから

$P(Z \geqq 0)=P(Z \leqq 0)=0.5$

また，

$P(-1 \leqq Z \leqq 2)$

$=P(-1 \leqq Z \leqq 0)+P(0 \leqq Z \leqq 2)$

$=P(0 \leqq Z \leqq 1)+P(0 \leqq Z \leqq 2)$

$=0.3413+0.4772$

$=0.8185$

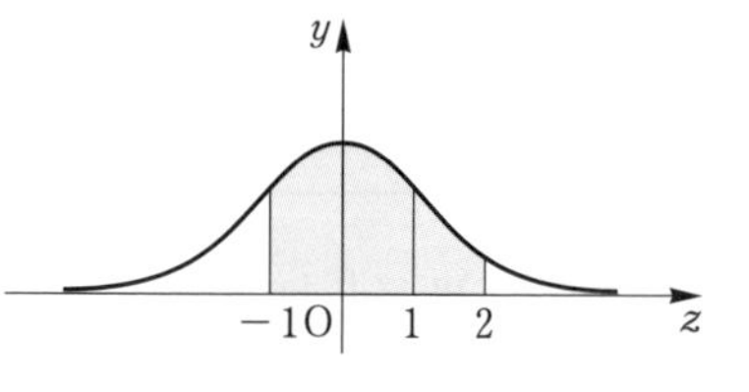


$P(1 \leqq Z \leqq 2)$

$=P(0 \leqq Z \leqq 2)-P(0 \leqq Z \leqq 1)$

$=0.4772-0.3413$

$=0.1359$

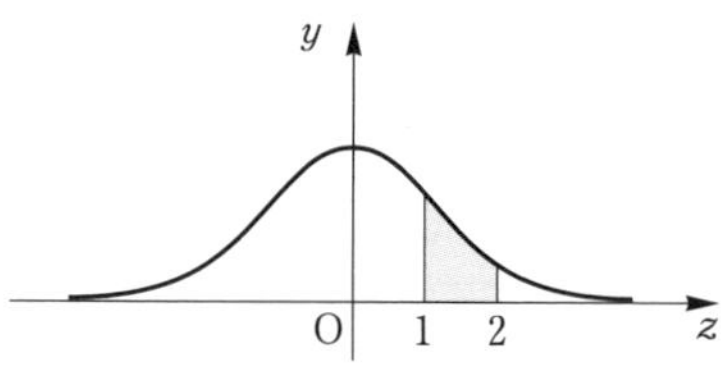


**練習2** 確率変数 $Z$ が標準正規分布 $N(0,\ 1)$ に従うとき，巻末の正規分布表を用いて，次の確率を求めよ。

(1) $P(0 \leqq Z \leqq 2.8)$　　(2) $P(Z>1.5)$　　(3) $P(|Z| \leqq 1)$

## 3 確率変数の標準化

正規分布 $N(m,\ \sigma^2)$ に従う確率変数 $X$ についての確率を，巻末の正規分布表を用いて求めることを考えてみよう。

確率変数 $X$ が正規分布 $N(m,\ \sigma^2)$ に従うとき

$$\boldsymbol{Z = \frac{X-m}{\sigma}} \quad \cdots\cdots①$$

で表される確率変数 $Z$ の平均 $E(Z)$ と標準偏差 $\sigma(Z)$ を調べてみよう。84ページの確率変数の平均と標準偏差の性質を用いると

$$E(Z) = E\left(\frac{X-m}{\sigma}\right) = \frac{1}{\sigma}E(X) - \frac{m}{\sigma} = \frac{m}{\sigma} - \frac{m}{\sigma} = 0$$

$$\sigma(Z) = \sigma\left(\frac{X-m}{\sigma}\right) = \frac{1}{|\sigma|}\sigma(X) = \frac{\sigma}{\sigma} = 1$$

となり，確率変数 $Z$ は標準正規分布 $N(0,\ 1)$ に従う。

一般に，①の式を用いて，平均が 0，標準偏差が 1 となる確率変数 $Z$ を考えることを，確率変数 $X$ を **標準化する** という。

**例3** 確率変数 $X$ が $N(50,\ 10^2)$ に従うとき，$P(X \geqq 70)$ を求めてみよう。

$Z = \dfrac{X-50}{10}$ とおいて標準化すると，$Z$ は $N(0,\ 1)$ に従う。

$X = 70$ のとき　$Z = 2$

であるから，巻末の正規分布表から

$$\begin{aligned} P(X \geqq 70) &= P(Z \geqq 2) \\ &= P(Z \geqq 0) - P(0 \leqq Z \leqq 2) \\ &= 0.5 - 0.4772 = 0.0228 \end{aligned}$$

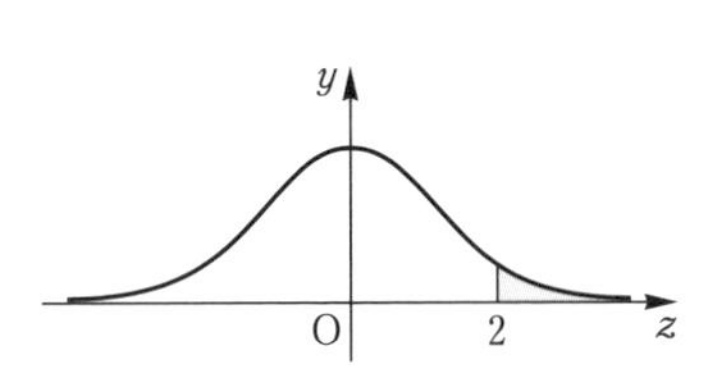


**練習3** 確率変数 $X$ が $N(50,\ 10^2)$ に従うとき，次の確率を求めよ。

(1) $P(40 \leqq X \leqq 60)$　　(2) $P(X < 60)$

**練習4** 確率変数 $X$ が次の正規分布に従うとき，$P(X \geqq 70)$ を求めよ。

(1) $N(60,\ 10^2)$　　(2) $N(55,\ 20^2)$

## 4 正規分布の応用

自然現象や社会現象の中には，正規分布に従うものが多いことが知られている。身近な問題を例にとってその応用を考えてみよう。

**例題 1** ある生物の個体の体長は，平均 50 cm，標準偏差 2 cm の正規分布に従うという。このとき，体長が 48 cm 以上 54 cm 以下のものは全体のおよそ何％であるか答えよ。

**解** 体長を $X$ cm とすると，$X$ は $N(50,\ 2^2)$ に従う。

ここで

$$Z=\frac{X-50}{2}$$

とおくと，$Z$ は $N(0,\ 1)$ に従う。

$X=48$ のとき　$Z=\dfrac{48-50}{2}=-1$

$X=54$ のとき　$Z=\dfrac{54-50}{2}=2$

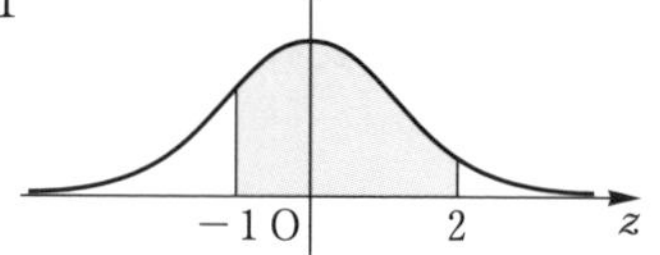


であるから

$$\begin{aligned}P(48\leqq X\leqq 54)&=P(-1\leqq Z\leqq 2)\\&=P(-1\leqq Z\leqq 0)+P(0\leqq Z\leqq 2)\\&=P(0\leqq Z\leqq 1)+P(0\leqq Z\leqq 2)\\&=0.3413+0.4772\\&=0.8185\end{aligned}$$

よって，$100\times 0.8185=81.85$ より

**およそ　82％**

**練習5** 例題 1 について，体長が 47 cm 以上 55 cm 以下のものは，全体のおよそ何％であるか，また，46 cm 以下のものはおよそ何％であるか答えよ。

## 5 正規分布と二項分布

1個のさいころを $n$ 回投げる試行で1の目の出る回数を $X$ とすると，確率変数 $X$ は二項分布 $B\left(n,\ \dfrac{1}{6}\right)$ に従う。

いま，$n=6,\ 12,\ 30,\ 50$ のそれぞれについてコンピュータを用いて計算すると，$X$ の確率分布は右の表のようになる。それぞれの分布について，折れ線グラフで表すと下の図のようになり，$n$ の値が大きくなると左右対称の山型の分布に近づくことがわかる。

| $p_k$ ＼ $n$ | 6 | 12 | 30 | 50 |
|---|---|---|---|---|
| $p_0$ | 0.335 | 0.112 | 0.004 | 0.000 |
| $p_1$ | 0.402 | 0.269 | 0.025 | 0.001 |
| $p_2$ | 0.201 | 0.296 | 0.073 | 0.005 |
| $p_3$ | 0.054 | 0.197 | 0.137 | 0.017 |
| $p_4$ | 0.008 | 0.089 | 0.185 | 0.040 |
| $p_5$ | 0.001 | 0.028 | 0.192 | 0.075 |
| $p_6$ | 0.000 | 0.007 | 0.160 | 0.112 |
| $p_7$ | | 0.001 | 0.110 | 0.140 |
| $p_8$ | | 0.000 | 0.063 | 0.151 |
| $p_9$ | | …… | 0.031 | 0.141 |
| $p_{10}$ | | ⋮ | 0.013 | 0.116 |
| $p_{11}$ | | ⋮ | 0.005 | 0.084 |
| $p_{12}$ | | …… | 0.001 | 0.055 |
| $p_{13}$ | | | 0.000 | 0.032 |
| $p_{14}$ | | | …… | 0.017 |
| $p_{15}$ | | | ⋮ | 0.008 |
| $p_{16}$ | | | ⋮ | 0.004 |
| $p_{17}$ | | | ⋮ | 0.001 |
| $p_{18}$ | | | ⋮ | 0.001 |
| $p_{19}$ | | | ⋮ | 0.000 |
| $p_{20}$ | | | ⋮ | …… |

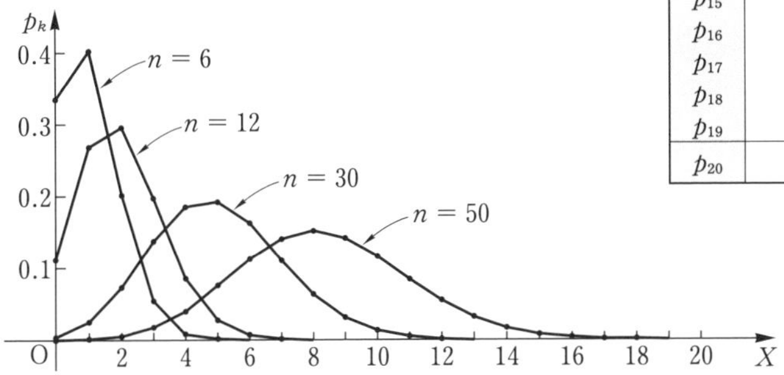

一般に，$n$ の値が十分大きいとき，二項分布は正規分布で近似できることが知られている。確率変数 $X$ が二項分布 $B(n,\ p)$ に従うとき，平均と標準偏差は，$q=1-p$ とすると

$$E(X)=np, \qquad \sigma(X)=\sqrt{npq}$$

であったから，次のことがいえる。

**二項分布 $B(n,\ p)$ は，$n$ の値が十分大きいときは**
**正規分布 $N(np,\ np(1-p))$ で近似できる。**

また，$Z=\dfrac{X-np}{\sqrt{np(1-p)}}$ とおくと，$Z$ は $N(0,\ 1)$ にほぼ従う。

## 6 二項分布の正規分布による近似

**例題 2** 1個のさいころを900回投げるとき，1の目が160回以上出る確率を求めよ。

**考え方** 二項分布 $B(n,\ p)$ において $n=900$ の場合である。このとき二項分布は正規分布 $N(900p,\ 900p(1-p))$ で近似できる。

**解** 1の目の出る回数を $X$ とすると，$X$ は二項分布 $B\left(900,\ \dfrac{1}{6}\right)$ に従う。

$$E(X)=900\times\frac{1}{6}=150$$

$$\sigma(X)=\sqrt{900\times\frac{1}{6}\times\frac{5}{6}}=5\sqrt{5}$$

であるから，$X$ は近似的に正規分布 $N(150,\ (5\sqrt{5})^2)$ に従うと考えてよい。

ここで

$$Z=\frac{X-150}{5\sqrt{5}}$$

とおくと，$Z$ は近似的に標準正規分布 $N(0,\ 1)$ に従う。

$X=160$ のとき

$$Z=\frac{160-150}{5\sqrt{5}}=\frac{10}{5\sqrt{5}}\fallingdotseq 0.89$$

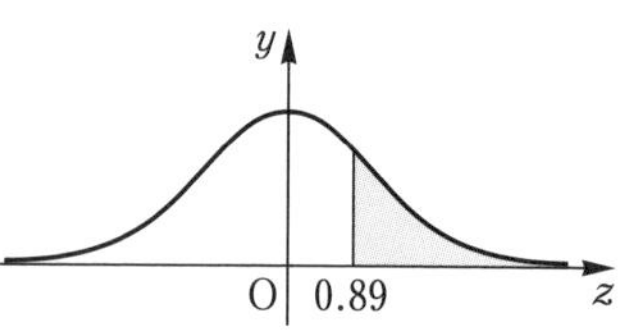


であるから，巻末の正規分布表を用いて

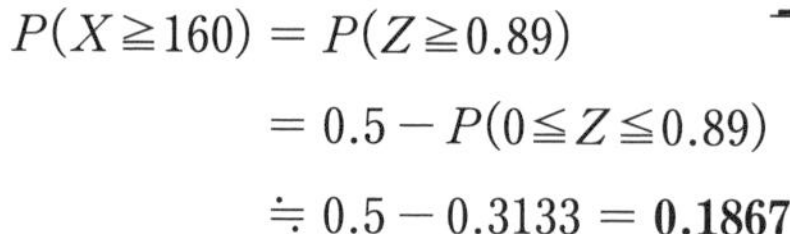

$$\begin{aligned}P(X\geqq 160)&=P(Z\geqq 0.89)\\&=0.5-P(0\leqq Z\leqq 0.89)\\&\fallingdotseq 0.5-0.3133=\mathbf{0.1867}\end{aligned}$$

**練習6** さいころを4500回投げるとき，次の確率を求めよ。

(1) 1の目が出る回数が740回以下である確率

(2) 1の目が700回以上，800回以下である確率

## 章末問題

**1.** 1から6までの数字が1つずつ書かれた6枚のカードがある。この中から2枚のカードを同時に引く。カードに書かれている数の和を $X$ として，次の問いに答えよ。

(1) $X$ の確率分布を求めよ。　　(2) $P(X \leqq 5)$ を求めよ。

**2.** 赤球6個と白球3個が入っている袋から，3個の球を同時に取り出し，その中に含まれている赤球の個数を $X$ とする。確率変数 $X$ の平均と標準偏差を求めよ。

**3.** 確率変数 $X$ の平均を $m$，標準偏差を $\sigma$ とする。$Z = aX + b$ で表される確率変数 $Z$ の平均が $2m$，標準偏差が $\frac{1}{2}\sigma$ となるように定数 $a$，$b$ の値を定めよ。

**4.** ある機械で製造された製品は，20 %の割合で景品つきの製品になるという。この機械で製造された製品から，でたらめに4個を抜き取るとき，この中に含まれる景品つきの製品の個数を $X$ として，次の確率を求めよ。

(1) $P(X=2)$　　(2) $P(X \leqq 2)$

**5.** ある都市におけるA新聞の購読者の比率は20 %であるという。この都市の任意に抽出した50人について，その中に含まれるA新聞の購読者数を $X$ とする。$X$ の平均と標準偏差を求めよ。

**6.** ある病気の予防ワクチンは接種した人の10人に1人の割合で副反応が出るという。このワクチンを100人に接種したとき，副反応が出る人の数を $X$ とする。このとき，次の問いに答えよ。

(1) $X$ は二項分布 $B(n,\ p)$ に従う。$n$ と $p$ の値を求めよ。

(2) $E(X)$，$V(X)$ を求めよ。

(3) 副反応が出る人数が7人以下である確率を求めよ。

(4) 副反応が出る人数が4人以上，13人以下である確率を求めよ。

**7.** 原点Oから出発して数直線上を動く点Pがある。硬貨を投げて表が出れば $+2$ だけ移動し，裏が出れば $-1$ だけ移動する。1枚の硬貨を20回投げたとき，移動後の点Pの座標を $X$ とする。確率変数 $X$ の平均と標準偏差を求めよ。

**8.** $0 \leqq X \leqq 2$ のすべての値をとる確率変数 $X$ の確率密度関数が

$$f(x) = 1 - |x-1|$$

であるとき，確率 $P\left(\frac{1}{2} \leqq X \leqq 1\right)$ と平均 $E(X)$ を求めよ。

**9.** A社の缶コーヒーの容量は平均203 g，標準偏差1 gの正規分布に従うという。容量が200 gに満たないものが生産される確率を求めよ。

**10.** あるパン工場で生産される500個のパンの重さは，平均100 g，標準偏差5 gの正規分布に従うという。この500個のうち，90 g以下となるのはおよそ何個か。

**11.** 400枚の硬貨を投げるとき，表の出る枚数を $X$ 枚とする。$X$ の確率分布を正規分布で近似して，次の問いに答えよ。

(1) $X \leqq 190$ となる確率を求めよ。

(2) $X \leqq a$ となる確率が約0.1となるときの整数 $a$ の値を求めよ。

**12.** 硬貨を1600回投げるとき，表が出るのが780回以上840回以下となる確率を求めよ。

**13.** A市の18歳男子の身長は平均170 cm，標準偏差6 cmの正規分布に従うという。正規分布表を用いて，次の問いに答えよ。

(1) 無作為に1人を選んだとき，その身長 $X$ が $168 \leqq X \leqq 172$ となる確率を求めよ。

(2) 無作為に1人を選んだとき，その身長 $X$ が $X \geqq 180$ となる確率を求めよ。

第 4 章

# 推定と検定

1

統計的推測

2

仮説の検定

データの整理で扱ったデータの分析は，記述統計と呼ばれる。これから学ぶのは推測統計で，一部のデータに基づいて全体の性質を推定する。

偶然が重なって生じたデータは正規分布に従い，正規分布以外の分布に従うデータであっても大量のデータの平均をとると正規分布にほぼ従うことが知られている。

統計学はゴセット（1876～1937）の小麦の収穫の研究から始まり，フィッシャー（1890～1962）により理論的基礎が確立された。

# 1 統計的推測

## 1 母集団と標本

### 1 母集団と標本

統計調査には，国勢調査のように対象となる集団の全部について調べる **全数調査** と，世論調査のように集団の中の一部を調べて全体を推測する **標本調査** がある。

製品の品質管理の目的で調査を行う場合には，検査によって製品が破壊されてしまうこともあるので標本調査によらざるをえない。また，全数調査が可能な場合でも，費用などの問題から標本調査が選択される場合が多い。

標本調査によってどの程度正しく全体のようすが把握できるか調べてみよう。

統計調査において調査の対象となる集団を **母集団** といい，母集団の構成要素の個数を **母集団の大きさ** という。

調査のために母集団から取り出された要素の集まりを **標本** といい，標本に含まれる要素の個数を **標本の大きさ** という。また，母集団から標本を取り出すことを **抽出** という。

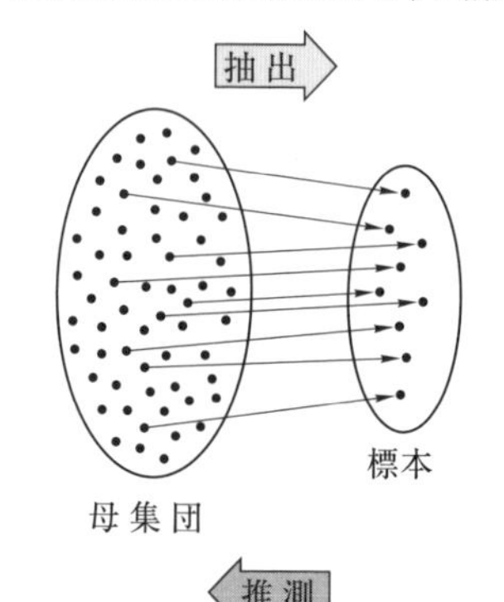


母集団から標本を抽出するとき，その標本ができるだけ母集団の性質をそのまま受け継いでいることが望ましい。

そのために母集団のどの要素も標本として抽出される確率が等しくなるようにする。

このような抽出方法を **無作為抽出** といい，無作為抽出によって取り出された標本を **無作為標本** という。以後，標本抽出は，すべて無作為抽出であるものとする。

無作為標本を得るためには，あらかじめ母集団に一連の番号をふっておき，乱数さいを投げて抽出する要素を決めるなどの方法がとられる。

**乱数さい** は，写真のような正二十面体の各面に 0 から 9 までの数字を 2 度ずつ記入したものである。

乱数さいのかわりに，あらかじめ作成された下の表のような **乱数表** を用いることもある。また，コンピュータが作り出す乱数を用いることもできる。

**乱数表の例**

| 67 | 11 | 09 | 48 | 96 | 29 | 94 | 59 | 84 | 41 | 68 | 38 | 04 | 13 | 86 | 91 | 02 | 19 | 85 | 28 |
|---|---|---|---|---|---|---|---|---|---|---|---|---|---|---|---|---|---|---|---|
| 67 | 41 | 90 | 15 | 23 | 62 | 54 | 49 | 02 | 06 | 93 | 25 | 55 | 49 | 06 | 96 | 52 | 31 | 40 | 59 |
| 78 | 26 | 74 | 41 | 76 | 43 | 35 | 32 | 07 | 59 | 86 | 92 | 06 | 45 | 95 | 25 | 10 | 94 | 20 | 44 |
| 32 | 19 | 10 | 89 | 41 | 50 | 09 | 06 | 16 | 28 | 87 | 51 | 38 | 88 | 43 | 13 | 77 | 46 | 77 | 53 |
| 45 | 72 | 14 | 75 | 08 | 16 | 48 | 99 | 17 | 64 | 62 | 80 | 58 | 20 | 57 | 37 | 16 | 94 | 72 | 62 |
| 74 | 93 | 17 | 80 | 38 | 45 | 17 | 17 | 73 | 11 | 99 | 43 | 52 | 38 | 78 | 21 | 82 | 03 | 78 | 27 |
| 54 | 32 | 82 | 40 | 74 | 47 | 94 | 68 | 61 | 71 | 48 | 87 | 17 | 45 | 15 | 07 | 43 | 24 | 82 | 16 |
| 34 | 18 | 43 | 76 | 96 | 49 | 68 | 55 | 22 | 20 | 78 | 08 | 74 | 28 | 25 | 29 | 29 | 79 | 18 | 33 |
| 04 | 70 | 61 | 78 | 89 | 70 | 52 | 36 | 26 | 04 | 13 | 70 | 60 | 50 | 24 | 72 | 84 | 57 | 00 | 49 |
| 38 | 69 | 83 | 65 | 75 | 38 | 85 | 58 | 51 | 23 | 22 | 91 | 13 | 54 | 24 | 25 | 58 | 20 | 02 | 83 |

母集団から標本を抽出するとき，1 個の標本を取り出して変量の値を記録したのち，抽出した標本をもとに戻してから次の標本を抽出する。この抽出方法を **復元抽出** という。

一方，一度取り出したものはもとに戻さないで，標本を次々に取り出す方法を **非復元抽出** という。

母集団が十分に大きいときには，復元抽出を行っても同じ要素を重複して取り出す確率は 0 に近いから，復元抽出と非復元抽出とはほぼ同じものであるとみなすことができる。

## 2 母集団分布

大きさ$N$のある母集団において，変量$X$がとる異なる値を$x_1$，$x_2$，…，$x_r$とし，それらの値をとる度数をそれぞれ$f_1$，$f_2$，…，$f_r$とする。この母集団から1つの変量$X$を取り出したとき，$X$が$x_k$という値をとる確率を$p_k$とすると

$$P(X=x_k)=p_k=\frac{f_k}{N} \quad (k=1, 2, \cdots, r)$$

である。よって，この$X$は確率変数であり，上の式で与えられる確率分布を変量$X$の **母集団分布** という。

母集団分布の平均，分散，標準偏差をそれぞれ **母平均，母分散，母標準偏差** といい，$\boldsymbol{m}$，$\boldsymbol{\sigma^2}$，$\boldsymbol{\sigma}$で表す。

**例1** 2と書かれた球が3個，4と書かれた球が2個，6と書かれた球が1個の計6個の球を母集団とし，この母集団から1個の球を無作為抽出したとき，記入されている数字を$X$とする。

| $X$ | 2 | 4 | 6 | 計 |
|---|---|---|---|---|
| $P$ | $\frac{3}{6}$ | $\frac{2}{6}$ | $\frac{1}{6}$ | 1 |

このとき，変量$X$の母集団分布は上の表のようになるから，$X$の母平均$m$と母分散$\sigma^2$は

$$m=2\times\frac{3}{6}+4\times\frac{2}{6}+6\times\frac{1}{6}=\frac{10}{3}$$

$$\sigma^2=2^2\times\frac{3}{6}+4^2\times\frac{2}{6}+6^2\times\frac{1}{6}-\left(\frac{10}{3}\right)^2=\frac{20}{9}$$

よって，母標準偏差$\sigma$は　$\sigma=\frac{2\sqrt{5}}{3}$

**練習1** 1から5までの数字を1つずつ記入した5枚のカードを母集団とし，この中から1枚のカードを抜き取るとき，そのカードに記入されている数字が偶数ならば$X=1$，奇数ならば$X=-1$とする。この変量$X$の母平均と母分散を求めよ。

## 3 標本平均の平均と標準偏差

ある変量からなる1つの母集団から大きさ $n$ の標本を復元抽出する。この試行において，これら $n$ 個の値は取り出すたびに決まるから，それぞれ確率変数である。これらを $X_1$，$X_2$，…，$X_n$ で表すとき

$$\overline{X}=\frac{1}{n}\sum_{k=1}^{n}X_k=\frac{1}{n}(X_1+X_2+\cdots+X_n)$$

を **標本平均** という。$\overline{X}$ は $n$ 個の標本を抽出するという試行ごとに定まる確率変数である。

$X_1$, $X_2$, …, $X_n$ はそれぞれ毎回1つずつ母集団から復元抽出しているから，それぞれの確率変数は母集団と同じ確率分布をもつ。

よって

$$E(X_1)=E(X_2)=\cdots\cdots=E(X_n)=m$$
$$V(X_1)=V(X_2)=\cdots\cdots=V(X_n)=\sigma^2$$

である。このとき

$$E(X_1+X_2+\cdots+X_n)$$
$$=E(X_1)+E(X_2)+\cdots+E(X_n)=nm$$

また，$X_1$，$X_2$，…，$X_n$ は独立な確率変数であるから

$$V(X_1+X_2+\cdots+X_n)$$
$$=V(X_1)+V(X_2)+\cdots+V(X_n)=n\sigma^2$$

である。したがって，標本平均 $\overline{X}$ の平均 $E(\overline{X})$ と分散 $V(\overline{X})$ は

$$E(\overline{X})=E\left(\frac{X_1+X_2+\cdots+X_n}{n}\right)$$
$$=\frac{1}{n}E(X_1+X_2+\cdots+X_n)=\frac{1}{n}\times nm=m$$

$$V(\overline{X})=V\left(\frac{X_1+X_2+\cdots+X_n}{n}\right)$$
$$=\frac{1}{n^2}V(X_1+X_2+\cdots+X_n)=\frac{1}{n^2}\times n\sigma^2=\frac{\sigma^2}{n}$$

また，$\overline{X}$ の標準偏差は

$$\sigma(\overline{X})=\sqrt{V(\overline{X})}=\frac{\sigma}{\sqrt{n}}$$

前ページのことから，一般に次のことが成り立つ。

**標本平均の平均と標準偏差**

母平均 $m$，母標準偏差 $\sigma$ の母集団から大きさ $n$ の標本を復元抽出するとき，標本平均 $\overline{X}$ の平均と標準偏差は

**平均** $E(\overline{X})=m$ **標準偏差** $\sigma(\overline{X})=\dfrac{\sigma}{\sqrt{n}}$

**例題 1** 1と書かれた球が1個，2と書かれた球が2個，3と書かれた球が3個，合計6個の球が入っている袋がある。この袋から2個の球を復元抽出したとき，それぞれに記入してある数字の標本平均 $\overline{X}$ の平均と標準偏差を求めよ。

**解** 抽出した1個の球に記入されている数字を $X$ とすると，母集団分布は右の表のようになる。

| $X$ | 1 | 2 | 3 | 計 |
|---|---|---|---|---|
| $P$ | $\frac{1}{6}$ | $\frac{2}{6}$ | $\frac{3}{6}$ | 1 |

母平均を $m$，母標準偏差を $\sigma$ とすると

$$m=1\times\frac{1}{6}+2\times\frac{2}{6}+3\times\frac{3}{6}=\frac{14}{6}=\frac{7}{3}$$

$$\sigma=\sqrt{1^2\times\frac{1}{6}+2^2\times\frac{2}{6}+3^2\times\frac{3}{6}-\left(\frac{7}{3}\right)^2}=\frac{\sqrt{5}}{3}$$

であるから，標本平均 $\overline{X}$ の平均と標準偏差は

$$E(\overline{X})=\boldsymbol{\frac{7}{3}}$$

$$\sigma(\overline{X})=\frac{\sqrt{5}}{3}\div\sqrt{2}=\boldsymbol{\frac{\sqrt{10}}{6}}$$

**練習2** 右のように，0，1，2，3，4，5の数字が書かれた10個の球が入った袋がある。この袋の中から4個の球を復元抽出したとき，それぞれに記入してある数字の標本平均 $\overline{X}$ の平均と標準偏差を求めよ。

| 数字 $X$ | 0 | 1 | 2 | 3 | 4 | 5 |
|---|---|---|---|---|---|---|
| 個数 | 1 | 2 | 2 | 2 | 2 | 1 |

## 4 標本平均の分布

いま，変量 $X$ が下の表のような分布をもつ母集団を考えてみよう。

| $X$ | 1 | 2 | 3 | 4 | 5 | 6 | 7 | 8 | 9 | 計 |
|---|---|---|---|---|---|---|---|---|---|---|
| $P$ | $\frac{1}{45}$ | $\frac{2}{45}$ | $\frac{3}{45}$ | $\frac{4}{45}$ | $\frac{5}{45}$ | $\frac{6}{45}$ | $\frac{7}{45}$ | $\frac{8}{45}$ | $\frac{9}{45}$ | 1 |

母平均が $\frac{19}{3}$ のこの母集団から大きさ $n$ の標本を復元抽出して，標本平均 $\overline{X}$ の分布について $n=1$，2，4，8，16 のときのそれぞれの分布のようすをヒストグラムに表すと次のようになる。

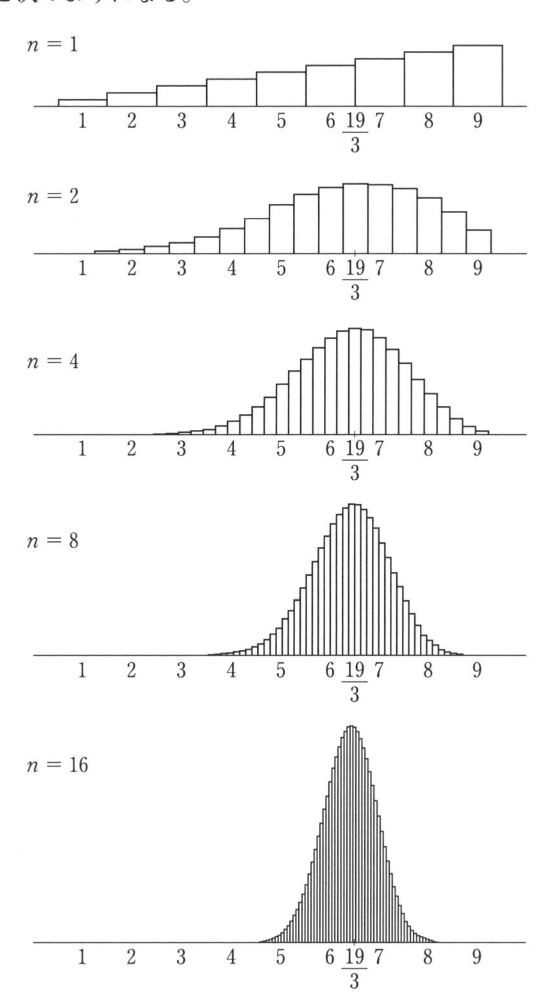

前ページのように，母集団分布が偏った分布の場合でも，標本平均の分布は，標本の個数 $n$ が大きくなるにつれて母平均 $\frac{19}{3}$ を中心として左右対称の山型の分布に近づき母平均の近くに集まってくる。

一般に，$n$ の値がある程度大きいとき標本平均 $\overline{X}$ の分布について，次のことが知られている。これを **中心極限定理** という。

**標本平均の分布**

母平均 $m$，母標準偏差 $\sigma$ の母集団から大きさ $n$ の標本を復元抽出するとき，$n$ が十分大きければ，

**標本平均 $\overline{X}$ の分布は，正規分布 $N\left(m,\ \frac{\sigma^2}{n}\right)$ で近似できる。**

この近似は，母集団分布が正規分布に近ければ，標本の大きさ $n$ がそれほど大きくなくても成り立つ。とくに，母集団分布が正規分布であれば，標本の大きさに関係なく，標本平均 $\overline{X}$ の分布も正規分布になる。

また，次が成り立つ。

**正規分布の再生性**

正規分布 $N(m_1,\ {\sigma_1}^2)$ に従う確率変数 $X$ と，正規分布 $N(m_2,\ {\sigma_2}^2)$ に従う確率変数 $Y$ が互いに独立であるとき，$aX+bY$ は正規分布

$$\boldsymbol{N(am_1+bm_2,\ a^2{\sigma_1}^2+b^2{\sigma_2}^2)}$$

に従う。

いままでに述べたことから，母平均 $m$，母標準偏差 $\sigma$ の母集団から大きさ $n$ の標本を復元抽出するとき，$n$ が十分大きいとして，

$$P\left(m-\frac{k\sigma}{\sqrt{n}} \leqq \overline{X} \leqq m+\frac{k\sigma}{\sqrt{n}}\right)=0.95 \quad \cdots\cdots①$$

となる $k$ の値を求めてみよう。

$Z=\dfrac{\overline{X}-m}{\dfrac{\sigma}{\sqrt{n}}}$ とおくと，$Z$ は標準正規分布 $N(0,\ 1)$ にほぼ従う。

$\overline{X}=m+\dfrac{\sigma}{\sqrt{n}}Z$ であるから，次の式が成り立つ。

$$P\left(m-\frac{k\sigma}{\sqrt{n}}\leqq\overline{X}\leqq m+\frac{k\sigma}{\sqrt{n}}\right)$$
$$=P\left(m-\frac{k\sigma}{\sqrt{n}}\leqq m+\frac{\sigma}{\sqrt{n}}Z\leqq m+\frac{k\sigma}{\sqrt{n}}\right)$$
$$=P(-k\leqq Z\leqq k)\quad\cdots\cdots②$$

①，②から $P(-k\leqq Z\leqq k)=0.95$ となる $k$ の値を求めればよい。巻末の正規分布表から $k=1.96$ となる。すなわち

$$P\left(m-\frac{1.96\sigma}{\sqrt{n}}\leqq\overline{X}\leqq m+\frac{1.96\sigma}{\sqrt{n}}\right)=0.95$$

である。同様にして

$$P\left(m-\frac{k\sigma}{\sqrt{n}}\leqq\overline{X}\leqq m+\frac{k\sigma}{\sqrt{n}}\right)=0.99$$

となる $k$ の値を求めると $k=2.58$ となる。すなわち

$$P\left(m-\frac{2.58\sigma}{\sqrt{n}}\leqq\overline{X}\leqq m+\frac{2.58\sigma}{\sqrt{n}}\right)=0.99$$

である。

**例2** 平均 50 点，標準偏差 10 点の試験の答案から 100 枚の答案を復元抽出する。得点の標本平均を $\overline{X}$ とすると，$\overline{X}$ は近似的に正規分布 $N\left(50,\ \dfrac{10^2}{100}\right)$ に従うから，$\overline{X}$ は確率 0.95 で

$$50-1.96\times\frac{10}{\sqrt{100}}\leqq\overline{X}\leqq 50+1.96\times\frac{10}{\sqrt{100}}$$

よって，$48\leqq\overline{X}\leqq 52$ の範囲にあるといえる。

**練習3** 変量 $X$ の母集団が平均 15，標準偏差 2 の正規分布に従うとき，大きさ 16 の標本を復元抽出して標本平均 $\overline{X}$ を求める試行を行う。$\overline{X}$ は確率 0.99 で，どんな範囲に結果が現れると予想されるか。

## 5 標本分散

97ページと同様に，1つの母集団から復元抽出した大きさ $n$ の標本 $X_1$，$X_2$，…，$X_n$ に対して標本平均を $\overline{X}$ とする。このとき

$$S^2 = \frac{1}{n}\{(X_1 - \overline{X})^2 + (X_2 - \overline{X})^2 + \cdots + (X_n - \overline{X})^2\}$$

$$= \frac{1}{n}\sum_{k=1}^{n}(X_k - \overline{X})^2 \quad \cdots\cdots①$$

を **標本分散** という。標本分散は，母分散の推定に用いられる。

標本平均 $\overline{X}$ や標本分散 $S^2$ のように，標本の確率変数 $X_1$，$X_2$，…，$X_n$ から計算される量を **統計量** という。統計量の確率分布を **標本分布** とよぶ。

## 6 カイ2乗分布（$\chi^2$ 分布）

母集団が正規分布 $N(m,\ \sigma^2)$ に従うとし，この母集団から大きさ $n$ の標本を復元抽出するときを考える。母分散 $\sigma^2$ を推測するために標本分散 $S^2$ の分布の考えが必要になるが，$S^2$ を定数倍（①を $\frac{n}{\sigma^2}$ 倍）してできる変量

$$\frac{nS^2}{\sigma^2} = \sum_{k=1}^{n}\left(\frac{X_k - \overline{X}}{\sigma}\right)^2$$

の分布から容易に換算できる。$\frac{nS^2}{\sigma^2}$ の分布は **自由度 $n-1$ のカイ2乗分布（$\chi^2$ 分布）** とよばれるもので，母数 $m$ と $\sigma^2$ には関係しない。

注意 $\chi$ はギリシア文字のカイである。

カイ2乗分布はそもそも次のように定義される。$Z_1$，$Z_2$，…，$Z_n$ が互いに独立に標準正規分布 $N(0,\ 1)$ に従うとき，$Z_1{}^2 + Z_2{}^2 + \cdots + Z_n{}^2$ の分布を自由度 $n$ のカイ2乗分布という。87ページの標準化の考えから，上の正規母集団からの標本に対し

$$\sum_{k=1}^{n}\left(\frac{X_k - m}{\sigma}\right)^2 \quad \cdots\cdots②$$

は自由度 $n$ のカイ2乗分布に従う。

②の $m$ を $\overline{X}$ に置き換えて得られる $\dfrac{nS^2}{\sigma^2}$ の分布は自由度が1だけ下がることに注意する。

なお，この証明は，一般的には難しいが，$n=2$ のときは簡単で，次のように示される。

$$\frac{2S^2}{\sigma^2}=\left(\frac{X_1-\overline{X}}{\sigma}\right)^2+\left(\frac{X_2-\overline{X}}{\sigma}\right)^2$$

←― $n=2$ のとき $\overline{X}=\dfrac{X_1+X_2}{2}$ を代入

$$=\left(\frac{X_1-X_2}{2\sigma}\right)^2+\left(\frac{X_2-X_1}{2\sigma}\right)^2$$

$$=\left(\frac{X_1-X_2}{\sqrt{2}\,\sigma}\right)^2$$

と変形できるが，

$$Z=\frac{X_1-X_2}{\sqrt{2}\,\sigma}=\frac{1}{\sqrt{2}\,\sigma}\{X_1+(-X_2)\}$$

において $-X_2$ は正規分布 $N(-m,\ \sigma^2)$ に従い，100ページで述べた正規分布の再生性から $Z$ も正規分布に従い，しかも $E(Z)=0$，$V(Z)=1$ である。ゆえに $Z$ は $N(0,\ 1)$ に従い，$\dfrac{2S^2}{\sigma^2}=Z^2$ の分布の自由度は $2-1=1$ となる。

## ●確率密度関数のグラフ

カイ2乗分布は連続的であり確率密度関数をもつが，その関数の式は実用の場面であまり使われない（式については128ページの研究を参照）。

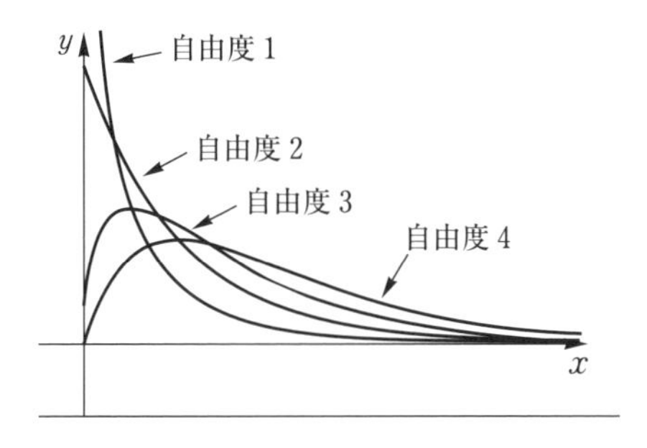


右の図は，自由度1，2，3，4のカイ2乗分布の確率密度関数のグラフである。2乗の和

$$Z_1{}^2+Z_2{}^2+\cdots+Z_n{}^2$$

の分布の確率密度関数だから，負の範囲では値は0である。自由度を増すと0の近くでの値が小さくなるのは，多くの変数が一斉に0に近い値をとる可能性が低くなるからである。

カイ2乗分布による分析手法の多くでよく使われるのは次に定める$\chi_n^2(\alpha)$である。$X$が自由度$n$のカイ2乗分布に従うとき，$0<\alpha<1$に対し

$$P(X \geqq x)=\alpha$$

をみたす$x$を$\chi_n^2(\alpha)$で表し，値は巻末の$\chi^2$分布表で求められる。

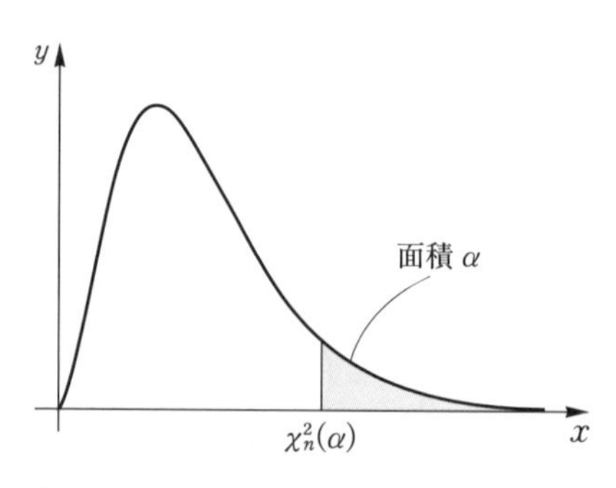


$\chi_n^2(\alpha)$の定義から，$P(X \geqq \chi_n^2(\alpha))=\alpha$ はもちろん，

$$P(X \leqq \chi_n^2(1-\alpha))=\alpha,$$

$$P\left(\chi_n^2\left(1-\frac{\alpha}{2}\right) \leqq X \leqq \chi_n^2\left(\frac{\alpha}{2}\right)\right)=1-\alpha \quad \cdots\cdots③$$

などが成り立つ。

**例3** 確率変数$X$が自由度6のカイ2乗分布に従うとき，

$$P(a \leqq X \leqq b)=0.95$$

をみたす定数$a$，$b$を考えよう。

$P(0 \leqq X)=1$ から$P(0 \leqq X<a)$と$P(b<X)$を引いた値が0.95になればよい。ここで，

$$P(0 \leqq X<a)=1-P(a \leqq X)=0.025$$

$$P(b<X)=P(b \leqq X)=0.025$$

のように，確率の値をどちらも等しくとることにすると，③で

$$1-\alpha=0.95 \ (\alpha=0.05),\ n=6$$

とおいたときに等しい。

よって，巻末の$\chi^2$分布表から

$$a=\chi_6^2(0.975)=1.2373$$

$$b=\chi_6^2(0.025)=14.4494$$

**練習4** 確率変数$X$が自由度10のカイ2乗分布に従うとき，巻末の$\chi^2$分布表を用いて，次の$a$，$b$の値を求めよ。

(1) $P(a \leqq X)=0.990$　　(2) $P(X<b)=0.050$

## 7 $t$ 分布

正規分布に従う母集団からの標本において，カイ 2 乗分布に従う統計量 $\dfrac{nS^2}{\sigma^2}$ は，母平均 $m$ を含まないので，$m$ の値に関係なく母分散 $\sigma^2$ の推定に使うことができる。逆に，母平均 $m$ の推定で有用な統計量として知られる

$$\frac{\overline{X}-m}{S/\sqrt{n-1}}$$

は，母分散 $\sigma^2$ の値に関係なく使える。$\dfrac{\overline{X}-m}{S/\sqrt{n-1}}$ は **自由度 $n-1$ の $t$ 分布** とよばれる分布に従う。

$t$ 分布の確率密度関数のグラフは右の図 1 のように，標準正規分布曲線に似ているが，より大きな広がりをもっており，自由度を大きくすると正規分布に近づく。

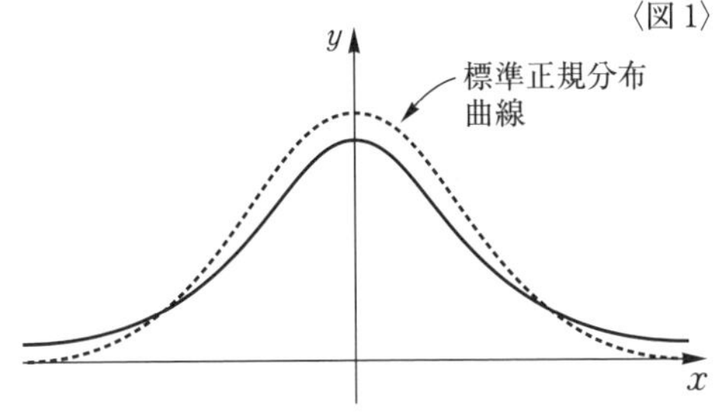


確率変数 $T$ が自由度 $n$ の $t$ 分布に従うとき，$0<\alpha<1$ に対し

$$P(|T| \geqq t)=\alpha$$

すなわち右の図 2 の青色部分の面積が $\alpha$ に等しいときの $t$ を $t_n(\alpha)$ で表し，値は巻末の $t$ 分布表で求められる。

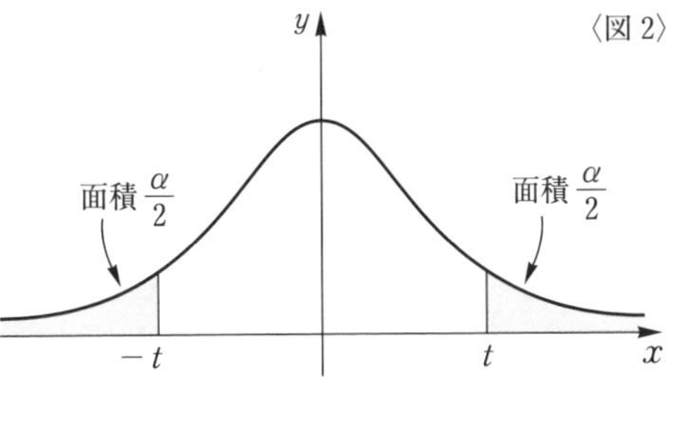


**例 4** 確率変数 $T$ が自由度 8 の $t$ 分布に従うとき，$P(|T| \geqq t)=0.05$ をみたす定数 $t=t_8(0.05)$ は，巻末の $t$ 分布表から

$$t=t_8(0.05)=2.306$$

**練習 5** 確率変数 $T$ が自由度 10 の $t$ 分布に従うとき，巻末の $t$ 分布表を用いて，次の $a$，$b$ の値を求めよ。

(1) $P(|T| \geqq a)=0.50$　　(2) $P(|T| \leqq b)=0.90$

# 2 統計的推測

これまでは，分布がわかっている母集団から抽出した標本平均の分布がどのようになるかを調べてきた。標本調査の目的は，標本から得られる特性から母集団の特性を推測することにある。そのことについて考えてみよう。

## 1 母平均の推定(1)

母平均 $m$，母標準偏差 $\sigma$ の母集団から大きさ $n$ の標本を復元抽出したとき，標本平均を $\overline{X}$ とする。$n$ の値が十分大きいとき $\overline{X}$ は $N\left(m,\ \dfrac{\sigma^2}{n}\right)$ に従うと考えてよいから，101ページで調べたように

$$P\left(m-\frac{1.96\sigma}{\sqrt{n}} \leqq \overline{X} \leqq m+\frac{1.96\sigma}{\sqrt{n}}\right)=0.95 \quad \cdots\cdots ①$$

である。ここで，不等式

$$m-\frac{1.96\sigma}{\sqrt{n}} \leqq \overline{X} \leqq m+\frac{1.96\sigma}{\sqrt{n}}$$

は

$$\overline{X}-\frac{1.96\sigma}{\sqrt{n}} \leqq m \leqq \overline{X}+\frac{1.96\sigma}{\sqrt{n}}$$

と変形できるから，①は

$$P\left(\overline{X}-\frac{1.96\sigma}{\sqrt{n}} \leqq m \leqq \overline{X}+\frac{1.96\sigma}{\sqrt{n}}\right)=0.95 \quad \cdots\cdots ②$$

とかける。

いま，母平均 $m$ が未知であるとして，②の式の意味を考えてみよう。$m$ は未知であっても，ある定まった値であるが，$\overline{X}$ は標本ごとに異なる値をとるのがふつうである。

よって

$$区間 \left[\overline{X}-\frac{1.96\sigma}{\sqrt{n}},\ \overline{X}+\frac{1.96\sigma}{\sqrt{n}}\right]$$

は標本ごとに変動するが，いくつも標本をとって多数の区間を作ると，すべての区間が $m$ を含むとは限らない。

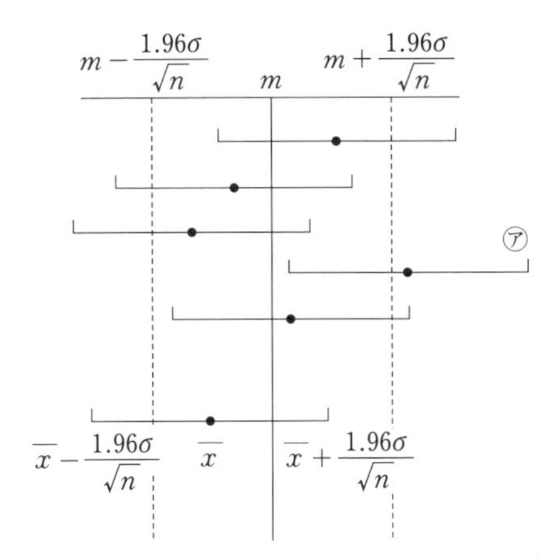


なかには図の㋐のように $m$ を含まない区間が出てくることがあるが，②は，作った区間のほぼ 95 %の区間に $m$ が含まれていることを意味している。

すなわち，$\overline{X}$ の 1 つの値 $\overline{x}$ が得られたとき，母平均 $m$ が

$$\text{区間}\left[\overline{x}-\frac{1.96\sigma}{\sqrt{n}},\ \overline{x}+\frac{1.96\sigma}{\sqrt{n}}\right]$$

の中にあると推定すると，信頼性は 95 %であるといえる。

この区間を信頼度 95 %の **信頼区間** といい，$2\times\frac{1.96\sigma}{\sqrt{n}}$ を **信頼区間の幅** という。また，区間の端点を与える $\overline{x}\pm\frac{1.96\sigma}{\sqrt{n}}$ を **信頼限界** という。

信頼度 99 %のときも同様にして，次のようにまとめられる。

**母平均の推定(1)**

標準偏差 $\sigma$ の母集団から，大きさ $n$ の標本を無作為抽出するとき，$n$ が大きければ，母平均 $m$ に対する信頼区間は

**信頼度 95 %では** $\overline{X}-\frac{1.96\sigma}{\sqrt{n}}\leqq m\leqq\overline{X}+\frac{1.96\sigma}{\sqrt{n}}$

**信頼度 99 %では** $\overline{X}-\frac{2.58\sigma}{\sqrt{n}}\leqq m\leqq\overline{X}+\frac{2.58\sigma}{\sqrt{n}}$

**例題 2** ある工場で生産される鋼板の厚さは，標準偏差 0.10 mm で正規分布に近い分布をしているという。無作為に 25 枚の鋼板を抽出して厚さを測り，平均 1.24 mm を得た。この工場で生産される鋼板の厚さの平均を信頼度 95 %で推定せよ。

**解** 標本平均は　$\overline{X}=1.24$

標本の大きさは　$n=25$

母標準偏差は　$\sigma=0.10$

であるから，母平均 $m$ の信頼度 95 %の信頼区間は

$$1.24-\frac{1.96\times0.10}{\sqrt{25}}\leqq m\leqq1.24+\frac{1.96\times0.10}{\sqrt{25}}$$

すなわち

$$1.2008\leqq m\leqq1.2792$$

よって，信頼度 95 %で，**1.20 mm 以上 1.28 mm 以下** と推定される。

**練習6** 例題 2 で信頼区間の幅を 0.04 mm 以下にするためには標本の大きさはどのくらいにすればよいか。

**練習7** ある工場で製造される製品の重量は，標準偏差 2 g の正規分布に従うという。16 個の製品を抽出して標本平均 1012 g を得たとき，現在，生産されている製品の重量の平均を信頼度 95 %で推定せよ。また，信頼度 99 %で推定せよ。

母集団について，母平均とともに母標準偏差もわからないことが多い。

一般に，標本が十分に大きいときは，母標準偏差のかわりに標本標準偏差を用いても大差がないことが知られている。

**練習8** A 社の石けんの重さの平均を推定するために，A 社の石けん 100 個を購入しその重量を測定して，平均 51 g，標準偏差 5 g を得た。A 社の石けんの重さの平均を信頼度 95 %で推定せよ。

## 2 母比率の推定

母集団において，ある性質 $A$ をもつ要素の全体に対する割合を $p$ とするとき，$p$ を性質 $A$ をもつものの **母比率** という。

この母集団から大きさ $n$ の標本を復元抽出するとき，その中に含まれる性質 $A$ をもつものの個数を $X$ とすると

$$P(X=r)={}_n\mathrm{C}_r p^r(1-p)^{n-r}$$

である。すなわち，$X$ は二項分布 $B(n,\ p)$ に従うから，平均と分散は

$$E(X)=np,\qquad V(X)=np(1-p)$$

である。ここで，$n$ が十分大きければ，89ページで学んだように，$X$ は正規分布 $N(np,\ np(1-p))$ に従うと考えてよい。

よって，

$$Z=\frac{X-np}{\sqrt{np(1-p)}}$$

とおくと，$Z$ は $N(0,\ 1)$ に従うから

$$P(-1.96\leqq Z\leqq 1.96)=0.95$$

すなわち

$$P\left(-1.96\leqq\frac{X-np}{\sqrt{np(1-p)}}\leqq 1.96\right)=0.95$$

である。この左辺のかっこの中を変形すると

$$P\left(\frac{X}{n}-1.96\sqrt{\frac{p(1-p)}{n}}\leqq p\leqq\frac{X}{n}+1.96\sqrt{\frac{p(1-p)}{n}}\right)=0.95$$

とかける。

ところで，$\dfrac{X}{n}$ は標本において性質 $A$ をもつものの比率を表している。この標本比率を $p'$ とすると，$n$ が十分大きいときは，$p$ と $p'$ はほぼ等しいとみて，根号内の $p$ を $p'$ で置き換えて

$$P\left(p'-1.96\sqrt{\frac{p'(1-p')}{n}}\leqq p\leqq p'+1.96\sqrt{\frac{p'(1-p')}{n}}\right)=0.95$$

としてよいことが知られている。

前ページのことから，大きさ $n$ の標本の標本比率を $p'$ とすると，母比率 $p$ の信頼度 95 %の信頼区間は

$$p' - 1.96\sqrt{\frac{p'(1-p')}{n}} \leqq p \leqq p' + 1.96\sqrt{\frac{p'(1-p')}{n}}$$

である。

同様にして，信頼度 99 %の信頼区間は次のようになる。

$$p' - 2.58\sqrt{\frac{p'(1-p')}{n}} \leqq p \leqq p' + 2.58\sqrt{\frac{p'(1-p')}{n}}$$

**例題 3** ある工場で，多数の製品から 2500 個を無作為抽出して調べたところ，25 個の不良品が含まれていた。この製品全体の不良品の母比率 $p$ を信頼度 95 %で推定せよ。

**解** 標本の大きさ　$n = 2500$

標本比率　$p' = \dfrac{25}{2500} = 0.01$

であるから，母比率 $p$ の信頼度 95 %の信頼区間は

$$0.01 - 1.96 \times \sqrt{\frac{0.01 \times 0.99}{2500}} \leqq p \leqq 0.01 + 1.96 \times \sqrt{\frac{0.01 \times 0.99}{2500}}$$

すなわち

$$\mathbf{0.0061 \leqq p \leqq 0.0139}$$

**練習9** ある選挙区で 400 人を無作為に選んで，A 候補の支持者を調べたところ 240 人であった。この選挙区における A 候補の支持率 $p$ を信頼度 95 %で推定せよ。

## 3 母分散の推定

ここでは，正規分布 $N(m,\ \sigma^2)$ に従う母集団を考えるが，ただし母平均 $m$，母分散 $\sigma^2$ はわかっていないものとする。この母集団から大きさ $n$ の標本を復元抽出したとき，標本分散を $S^2$ とする。102 ページでみたように，$\dfrac{nS^2}{\sigma^2}$ は自由度 $n-1$ のカイ 2 乗分布に従い，

$$P\left(\chi^2_{n-1}(0.975) \leqq \frac{nS^2}{\sigma^2} \leqq \chi^2_{n-1}(0.025)\right) = 0.95$$

である。この左辺のかっこの中を変形すると

$$P\left(\frac{nS^2}{\chi^2_{n-1}(0.025)} \leqq \sigma^2 \leqq \frac{nS^2}{\chi^2_{n-1}(0.975)}\right) = 0.95$$

となる。$S^2$ の 1 つの値 $s^2$ が得られたとき，母分散 $\sigma^2$ の信頼度 95 %の信頼区間は

$$\frac{ns^2}{\chi^2_{n-1}(0.025)} \leqq \sigma^2 \leqq \frac{ns^2}{\chi^2_{n-1}(0.975)}$$

である。

**例題 4**　ある工場で製造される製品の重量は正規分布に従うという。16 個の製品を抽出して標本標準偏差 3 g を得たとき，現在，生産されている製品の重量の分散を信頼度 95 %で推定せよ。

**解**　標本分散 $S^2 = 3.0^2 = 9.0$

標本の大きさ $n = 16$

であるから，母分散 $\sigma^2$ の信頼度 95 %の信頼区間は

$$\frac{16 \times 9.0}{\chi^2_{15}(0.025)} \leqq \sigma^2 \leqq \frac{16 \times 9.0}{\chi^2_{15}(0.975)}$$

巻末の $\chi^2$ 分布表より $\chi^2_{15}(0.025) = 27.4884$，$\chi^2_{15}(0.975) = 6.2621$

であるから

$$5.2385 \leqq \sigma^2 \leqq 22.9954$$

よって，信頼度 95 %で，**5.24 g² 以上 23.00 g² 以下** と推定される。

**練習10**　例題 4 で標本の大きさだけを $n = 51$ に変え，標本標準偏差は 3.0 g のままとしたら，信頼区間はどうなるか。

## 4　母平均の推定(2)

母平均 $m$，母分散 $\sigma^2$ が未知である正規母集団からとった標本の大きさ $n$ が小さいときを考える。$n$ が大きければ母標準偏差 $\sigma$ のかわりに標本標準偏差 $S$ を用いても大差ないことは 108 ページで述べた。しかし，$n$ が小さくて正規分布の

母分散が既知である場合の議論ができない状況では，未知の$\sigma$を$S$で代用して計算した統計量

$$T=\frac{\overline{X}-m}{S/\sqrt{n-1}}$$

の分布は$S$の変動も織り込んだものになると考えなければならない。それが105ページで述べた$t$分布である。

$T$は自由度$n-1$の$t$分布に従い，

$$P\left(-t_{n-1}(0.05)\leqq\frac{\overline{X}-m}{S/\sqrt{n-1}}\leqq t_{n-1}(0.05)\right)=0.95$$

である。この左辺のかっこの中を変形すると

$$P\left(\overline{X}-\frac{t_{n-1}(0.05)S}{\sqrt{n-1}}\leqq m\leqq\overline{X}+\frac{t_{n-1}(0.05)S}{\sqrt{n-1}}\right)=0.95$$

と書ける。$\overline{X}$，$S$それぞれの値$\overline{x}$，$s$が得られたとき，母平均$m$の信頼度95％の信頼区間は

$$\overline{x}-\frac{t_{n-1}(0.05)s}{\sqrt{n-1}}\leqq m\leqq\overline{x}+\frac{t_{n-1}(0.05)s}{\sqrt{n-1}}$$

である。

**例題 5**　ある海域で海水中の大腸菌濃度（100 ml当たりの個数）を5日間調査した結果，標本平均65，標本標準偏差8.4を得た。大腸菌濃度は正規分布に従うと仮定し，平均を信頼度95％で推定せよ。

**解**　標本平均は$\overline{X}=65$，標本の大きさは$n=5$，標本標準偏差は$S=8.4$であるから，母平均$m$の信頼度95％の信頼区間は，$t_4(0.05)=2.776$より

$$65-\frac{2.776\times8.4}{\sqrt{4}}\leqq m\leqq65+\frac{2.776\times8.4}{\sqrt{4}}$$

すなわち　$53.3408\leqq m\leqq76.6592$

よって，信頼度95％で，100 ml当たり **53.3個以上76.7個以下** と推定される。

**練習11**　例題5で標本の大きさだけを$n=10$に変えたら，信頼区間はどうなるか。

## 節末問題

**1.** ある工場で生産される球の直径は標準偏差 0.1 mm の正規分布に従うことが知られている。４個の球を無作為抽出して直径を調べたところ，標本平均 4.1 mm を得た。この工場で生産される球の直径の平均を信頼度 95 %で推定せよ。

**2.** A 社の牛乳 100 本を無作為に抽出し，乳脂肪分を測定したら，平均 3.6 %，標準偏差 0.4 %を得た。A 社の牛乳の乳脂肪分の平均を信頼度 95 %で推定せよ。

**3.** １枚のゆがんだ硬貨を 400 回投げたところ，そのうち 160 回が表向きになった。この硬貨の表向きになる確率 $p$ を信頼度 95 %で推定せよ。

**4.** ある製品の中から，100 個を任意抽出して調べたところ，４個の不良品を見つけた。この製品全体には，およそ何%の不良品があるか。信頼度 95 %で推定せよ。

**5.** ある工場で作られた，ある製品から，100 個を無作為抽出して重さを調べたところ，平均 121.0 g，標準偏差 0.2 g であった。このとき，次の問いに答えよ。

(1) 母平均を信頼度 95 %で推定せよ。

(2) 母平均を信頼度 99 %で推定するとき，信頼区間の幅を(1)で求めた信頼区間の幅以下にするには，標本の大きさはどのくらいにすればよいか。

**6.** 正規分布に従う母集団から無作為抽出した標本の大きさ $n$ と標本分散 $S^2$ が次の値であるとき，母分散を信頼度 95 %で推定せよ。

(1) $n = 10$，$S^2 = 50$　　(2) $n = 81$，$S^2 = 100$

**7.** ある職場で 10 人の従業員が同一機種のパソコンを１人１台ずつ同時に購入して使い始めたところ，故障して廃棄するまでの年数の平均は 6.2，標準偏差は 1.8 であった。この機種の寿命は正規分布に従うと仮定して，平均寿命を信頼度 95 %で推定せよ。ただし，小さい標本に対する分析法を用いること。

# 2 仮説の検定

## 1 仮説の検定

### 1 母平均の検定(1)

甲乙2人が将棋の10回戦を行ったところ，甲の7勝3敗に終わった。この結果から2人の技量に差があると判断してよいだろうか。

この問題を，次のように考えてみよう。

いま，2人の技量に差がない，すなわち甲の勝つ確率 $p$ について

「$p=\dfrac{1}{2}$ である」

と仮定してみる。このような仮定を **統計的仮説** という。

この仮説のもとで，10回のうち甲が勝つ回数を $X$ とすれば，$X$ は二項分布 $B\left(10,\ \dfrac{1}{2}\right)$ に従う確率変数であって

$$P(X=k)={}_{10}C_k\left(\frac{1}{2}\right)^k\left(\frac{1}{2}\right)^{10-k}={}_{10}C_k\left(\frac{1}{2}\right)^{10}\quad(k=0,1,2,\cdots,10)$$

これらの値は右下の表のようになる。

これを用いて，次のことがらの確率をそれぞれ求めよう。

| $k$ | $P(X=k)$ |
|---|---|
| 0 | 0.0010 |
| 1 | 0.0098 |
| 2 | 0.0439 |
| 3 | 0.1172 |
| 4 | 0.2051 |
| 5 | 0.2461 |
| 6 | 0.2051 |
| 7 | 0.1172 |
| 8 | 0.0439 |
| 9 | 0.0098 |
| 10 | 0.0010 |

(i) どちらかが全勝する。

確率は　$P(X=0)+P(X=10)=0.0020$

(ii) どちらかが9勝以上する。

確率は　$P(X\leqq 1)+P(X\geqq 9)=0.0216$

(iii) どちらかが8勝以上する。

確率は　$P(X\leqq 2)+P(X\geqq 8)=0.1094$

(iv) どちらかが7勝以上する。

確率は　$P(X\leqq 3)+P(X\geqq 7)=0.3438$

以上の確率をみて，たとえば，次のように感じる人があろう。

「2人の技量に差がなければ，どちらかが全勝するということも，9勝以上することも，めったにない。しかし，8勝以上となると，10回に1回くらいは起こるのだから，めったにないともいえない。」

ある仮説のもとで，めったにないこと，すなわち確率の非常に小さいことがらが起これば，それが偶然に起こったと考えるよりは，「仮説が正しくない」と判断するのが自然である。

前ページの例では，たとえば(i)，(ii)が起これば，「$p=\dfrac{1}{2}$ という仮説は正しくない」と判断し，(iii)，(iv)が起こったときには，「仮説が正しくないとはいえない」と判断することになる。

しかし，このような判断は，どんな場合にめったにないことが起こったと感じるかに依存している。ある人は

「2人の技量に差がないとして，9勝以上になることも50回に1回くらいはあるのだから，めったにないことともいえないよ。」

というかもしれない。

そこで判断に客観性を与えるため，あらかじめ，たとえば0.05とか0.01という小さい確率を定めておき，これを基準にして，これ以下の確率のことがらが起これば，めったにないことが起こったとして仮説が正しくないと判断することにする。

このような基準をふつう百分率で表し，**有意水準** または **危険率** という。そして，有意水準にてらして仮説の正しさを判断することを **仮説の検定** という。

なお，仮説が正しくないと判断することを，仮説を **棄却する** という。

また，棄却することを意図してたてられる仮説を **帰無仮説**，帰無仮説と反対の事柄を **対立仮説** という。

114ページの例では

有意水準を5％とするとき，（ⅰ）や（ⅱ）が起これば仮説が棄却される。

有意水準を1％とするときは，（ⅰ）が起こったときだけ仮説が棄却される。

甲の7勝3敗では，上のどちらの有意水準でも棄却されない。

なお，仮説を棄却する$X$の値の範囲を **棄却域** という。

一般に，有意水準を定めた上で，ある統計的仮説を検定するには，仮説に関係する試行を考え，その結果で値が定まる確率変数$X$をとり，棄却域を定める。

114ページの例でいえば，有意水準が5％のとき

$\{0,\ 1,\ 9,\ 10\}$

という範囲を棄却域とする。

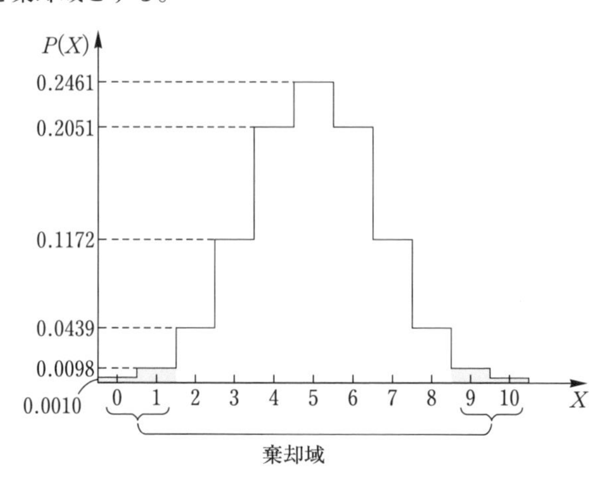


このように棄却域を定めた上で，$X$の値が棄却域に入っていれば仮説は正しくないと判断する。

$X$の値が棄却域に入っていなければ，仮説は正しいと判断されるが，これは仮説を一応認めておこうという消極的な態度である。

将棋の例では，棄却域を両側の端の部分にとっており，対立仮説は「$p \neq \dfrac{1}{2}$」である。この方式の検定を **両側検定** という。

次の例では，棄却域を片側にとっており，この方式の検定を **片側検定** という。

どの方式をとるのが適当であるかは，与えられた問題による。

**例 1** ある工場では毎日 500 g の製品を多数製造している。ある日，この工場で製造された製品の中から 50 個を無作為に選んで重さを測ったところ，平均値 495 g であった。このことから，その日の製品の重さの平均値が 500 g に達していないと判断できるだろうか。仮説を設定し，有意水準 5 %で検定してみよう。ただし，製品の重さは標準偏差 16 g の正規分布に従うものとする。

製品の重さの平均を 500 g，すなわち

$$E(X) = 500$$

という仮説をたて，$\overline{X}$ の棄却域としては小さい側に注目し

$$P(\overline{X} \leqq x_0) = 0.05$$

となるように $\overline{X}$ の値の範囲 $\overline{X} \leqq x_0$ を定める。このとき，対立仮説は「$E(X) < 500$」である。

仮説によれば，$X$ が正規分布 $N(500,\ 16^2)$ に従うので，$\overline{X}$ は

$N\left(500,\ \dfrac{16^2}{50}\right)$ に従い，$Z = \dfrac{\overline{X} - 500}{\dfrac{16}{\sqrt{50}}}$ は $N(0,\ 1)$ に従う。

有意水準が 0.05 であるから

$$P(Z \leqq t_0) = 0.05$$

となる $t_0$ は正規分布表から

$$t_0 = -1.64$$

したがって $\overline{X}$ の棄却域は

$$\frac{\overline{X} - 500}{\dfrac{16}{\sqrt{50}}} \leqq -1.64$$

より $\overline{X} \leqq 500 - 1.64 \times \dfrac{16}{\sqrt{50}} \fallingdotseq 496.3$

よって，仮説は棄却される。

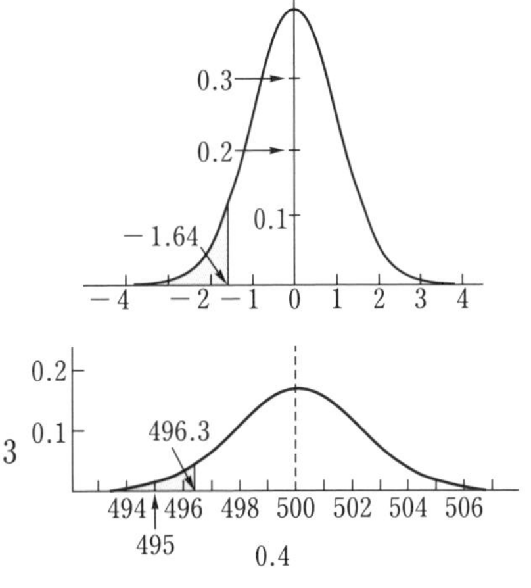


この例では，有意水準 5 %でめったに起こらないことが起こったことになるので，その日の製品の重さの平均値が 500 g という仮説は正しくないと判断される。

一般に，母平均の検定については，次の式が成り立つ。

**母平均の検定(1)**

仮説 $H$：母平均は $m$ である。

母集団から大きさ $n$ の標本を無作為抽出し，その標本平均を $\overline{X}$ とするとき

$$Z=\frac{\overline{X}-m}{\dfrac{\sigma}{\sqrt{n}}}=\frac{\sqrt{n}\,(\overline{X}-m)}{\sigma}$$

について，有意水準 5 %で両側検定すると

$|Z| \geqq 1.96$ のとき，仮説 $H$ を棄却する。

$|Z| < 1.96$ のとき，仮説 $H$ を棄却しない。

なお，有意水準を 1 %にするには，上記の 1.96 を 2.58 にすればよい。

**例題 1**

A 県と B 県で同じ数学のテストを実施した結果，A 県は平均点が 60 点であった。B 県の 100 人の点数を無作為に抽出して調べた結果，平均点は 58.4 点，標準偏差 8.3 点であった。B 県の平均点が A 県と同じ 60 点であるといえるか。有意水準 5 %で検定せよ。

**解**

仮説 $H$： $m=60$

有意水準 5 %：平均点が 60 点であるかという検定なので両側検定である。よって $|Z| \geqq 1.96$ を棄却域とする。

$$Z=\frac{\sqrt{100}\,(58.4-60)}{8.3}=-\frac{16}{8.3}\fallingdotseq-1.93$$

$$|Z|=1.93<1.96$$

よって，仮説は棄却されないから，**B 県の平均点は 60 点といえる。**

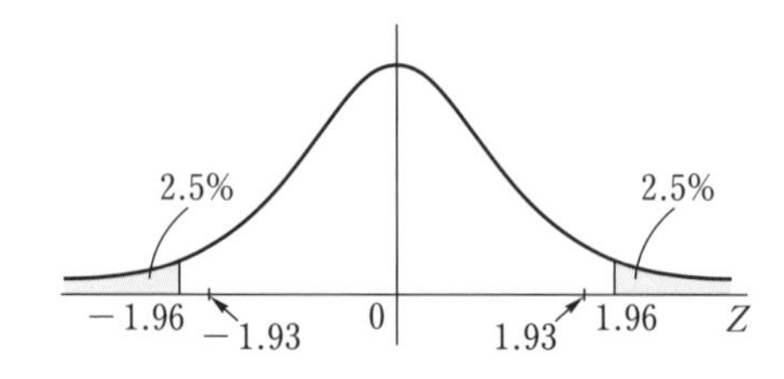

## 2 母比率の検定

**母比率の検定**

仮説 $H$：母比率は $p$ である。

母集団から大きさ $n$ の標本を無作為抽出し，その標本における性質 $A$ をもつものの個数を $X$ とするとき

$$Z=\frac{X-np}{\sqrt{np(1-p)}}$$

とおくとき，有意水準 5 %で両側検定すると

$|Z| \geqq 1.96$ ならば仮説 $H$ を棄却する。

$|Z| < 1.96$ ならば仮説 $H$ を棄却しない。

**例題 2**

ある植物の種子は，長年の経験から 20 %が発芽することがわかっている。この種子を無作為に 400 個選んで発芽させたところ 50 個しか発芽しなかった。これは何か特別な理由があったと考えられるか。有意水準 1 %で検定せよ。

**解**

仮説 $H$：母集団の発芽率は 20 %である（特別な理由がない）。

有意水準 1 %：発芽率が 20 %であるかという検定なので両側検定である。よって $|Z| \geqq 2.58$ を棄却域とする。

400 個の中で発芽する個数 $X$ は二項分布 $B\left(400,\ \frac{1}{5}\right)$ に従う。

$$np=400\times\frac{1}{5}=80,\quad \sqrt{400\times\frac{1}{5}\times\frac{4}{5}}=8,\quad X=50$$

であるから $Z=\dfrac{50-80}{8}=-3.75 \qquad |Z|=3.75>2.58$

よって，仮説は棄却されるから，**特別な理由があったと考えられる**。

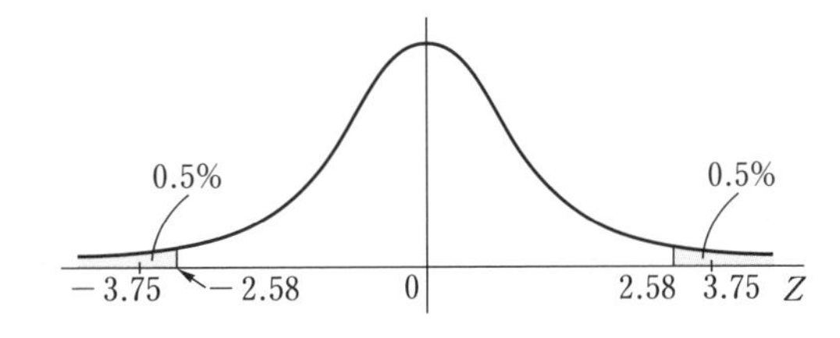

## 3 母分散の検定

**母分散の検定**

仮説 $H$：母分散は $\sigma^2$ である。

正規母集団から大きさ $n$ の標本を無作為抽出し，その標本分散を $S^2$ とするとき

$$U=\frac{nS^2}{\sigma^2}$$

について，有意水準 5 %で両側検定すると

$U<\chi^2_{n-1}(0.975)$，$\chi^2_{n-1}(0.025)<U$ ならば仮説 $H$ を棄却する。

$\chi^2_{n-1}(0.975)\leqq U\leqq\chi^2_{n-1}(0.025)$ ならば仮説 $H$ を棄却しない。

**例題 3** ある工場の製品には従来，長さに標準偏差 1.2 mm のばらつきがあった。製造ラインを改良して，改良後に製造した製品から無作為に 20 個を抽出して調べた結果，長さの標本標準偏差は 1.0 mm であった。ばらつきは小さくなったといえるか。製品の長さは正規分布に従うと仮定し，有意水準 5 %で検定せよ。

**解** 仮説 $H$： $\sigma^2=1.2^2$

有意水準 5 %：$\sigma^2$ が小さくなったかという検定なので，小さい側に注目する片側検定である。よって $U<\chi^2_{19}(0.95)=10.1170$ を棄却域とする。

$$U=\frac{20\times1.0^2}{1.2^2}\fallingdotseq13.8889$$

$$U=13.8889\geqq10.1170$$

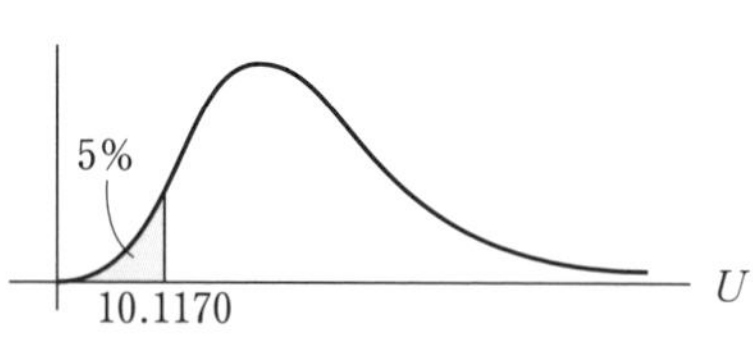


よって，仮説は棄却されないから，

**長さのばらつきは小さくなっていないと考えられる。**

**練習1** 例題 3 を両側検定で検定せよ。

## 4 母平均の検定(2)

**母平均の検定(2)**

仮説 $H$：母平均は $m$ である。

正規母集団から大きさ $n$（$n$ は小さい）の標本を無作為抽出し，その標本平均を $\overline{X}$，標本標準偏差を $S$ とするとき

$$T=\frac{\overline{X}-m}{S/\sqrt{n-1}}$$

について，有意水準 5 %で両側検定すると

$|T|>t_{n-1}(0.05)$ ならば仮説 $H$ を棄却する。

$|T|\leqq t_{n-1}(0.05)$ ならば仮説 $H$ を棄却しない。

**例題 4** 10 人について，睡眠薬 A の効果を調べた結果，睡眠時間の延長は平均 0.75 時間，標準偏差 1.70 時間であった。A は効果があるといえるか。睡眠の延長時間は正規分布に従うと仮定し，有意水準 5 %で検定せよ。

**解** 仮説 $H$：　$m=0$（効果なし）

有意水準 5 %：両側検定とし $|T|>t_9(0.05)=2.262$ を棄却域とする。

$$T=\frac{0.75-0}{1.70/\sqrt{9}}\fallingdotseq 1.324$$

$$|T|=1.324<2.262$$

よって，仮説は棄却されないから，

**A に効果はないと考えられる。**

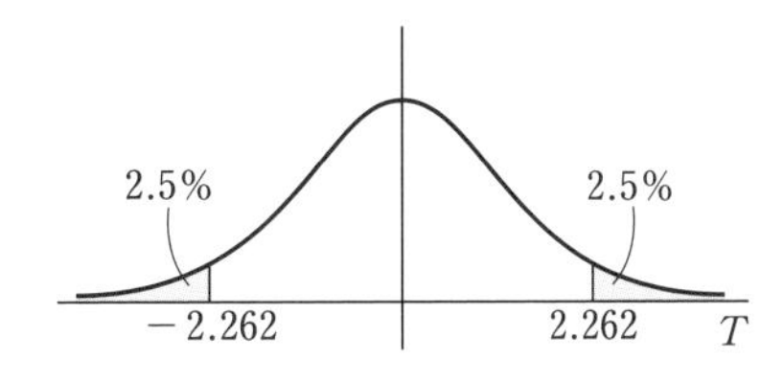


**練習 2** 例題 4 において，調べた人数が 26 人で同じ結果を得た場合はどうか。

## 5 適合度の検定

母集団が $k$ 種類の性質 $A_1$，$A_2$，…，$A_k$ をもつ要素に重複なく漏れなく分類され，各性質の要素の全体に対する割合は $p_1$，$p_2$，…，$p_k$ であるとする。このとき，理論的に考えられた $p_i$ の値を統計的仮説として行う検定を **適合度の検定** という。

**適合度の検定**

仮説 $H$：$A_i$ の割合は $p_i$ である。$(i=1, 2, \cdots, k)$

母集団から大きさ $n$ の標本を無作為抽出し，性質 $A_i$ をもつ標本の個数を $X_i$ とするとき

$$U=\sum_{i=1}^{k}\frac{(X_i-np_i)^2}{np_i}$$

は自由度 $k-1$ のカイ 2 乗分布にほぼ従う。

このUについて，有意水準 5 %で

$U>\chi^2_{k-1}(0.05)$ ならば仮説 $H$ を棄却する。

$U\leqq\chi^2_{k-1}(0.05)$ ならば仮説 $H$ を棄却しない。

上の $U$ は自由度 $k-1$ のカイ 2 乗分布にほぼ従うが，そのためには，$np_i\geqq 5$ $(i=1, 2, \cdots, k)$ である必要がある。

適合度の検定は $p_i$ $(p_1+\cdots+p_k=1)$ からのずれの程度を考えるので，右側の片側検定になる。

**例題 5** ある植物の交配実験をした結果，計 50 の子が 3 種類の性質 $A_1$，$A_2$，$A_3$ に重複なく分類され，各個体数は $A_1$ が 22，$A_2$ が 13，$A_3$ が 15 となった。理論的には $A_1:A_2:A_3=2:1:1$ になるとされている。実験結果は理論どおりといえるか，有意水準 1 %で検定せよ。

**解**

仮説 $H$：$p_1=\frac{1}{2}$，$p_2=\frac{1}{4}$，$p_3=\frac{1}{4}$

有意水準 1 %：$U>\chi^2_2(0.01)=9.2103$ を棄却域とする。

$$U=\frac{\left(22-50\times\frac{1}{2}\right)^2}{50\times\frac{1}{2}}+\frac{\left(13-50\times\frac{1}{4}\right)^2}{50\times\frac{1}{4}}+\frac{\left(15-50\times\frac{1}{4}\right)^2}{50\times\frac{1}{4}}$$

$$=0.88<9.2103$$

よって，仮説は棄却されないから，**実験結果は理論どおりといえる**。

**練習3** 例題 5 の問題を有意水準 5 %で検定せよ。

## 節末問題

**1.** ある工場が生産する 7 mm ボルトの規格の製品の長さの標準偏差は過去の資料から 0.35 mm である。ある日の製品より無作為抽出した 100 個の長さの平均が 7.06 mm であった。この日の製品は平常より悪かったか。有意水準 5 %で検定せよ。

**2.** 中味の重さ 250 g と表示されている缶詰の中から 100 個の標本を無作為に抽出して調べ，平均値 248 g，標準偏差 8 g を得た。この缶詰の中味の重さの平均は，表示されている重さより少ないと判定されるか。有意水準 1 %で検定せよ。

**3.** 1 個のさいころを 720 回投げたところ，1 の目が 142 回出た。このさいころの 1 の目の出る確率は $\frac{1}{6}$ であると考えられるか。有意水準 5 %で検定せよ。

**4.** C 市において，市長選挙に先立って，全有権者の中から無作為に 100 人を選び，意見を聞いたところ，68 人が A 候補を支持していると述べたという。全有権者の過半数が A 候補を支持すると判断できるか。有意水準 1 %で検定せよ。

**5.** ある農園で収穫したトマトの重さは正規分布に従う。30 個を無作為抽出したところ，重さの標本標準偏差は 12 g であった。重さの標準偏差は 10 g より大きいか，有意水準 5 %で検定せよ。

**6.** あるダイエット法を行った 17 人の体重変化の平均は −1.5 kg，標準偏差は 2.1 kg であった。このダイエット法によって体重が変化したといえるか，有意水準 5 %で検定せよ。ただし，正規分布を仮定し，小さい標本に対する分析法を用いること。

**7.** 雑貨店で，白，赤，黒の色ちがいがある小物を，白：赤：黒 ＝ 3：2：1 の個数比で仕入れたところ，1 カ月の間に白は 21 個，赤は 24 個，黒は 15 個売れた。仕入れの個数比は，消費者の好みの比率とあっているといえるか，有意水準 5 %で検定せよ。

## 研究 チェビシェフの不等式と大数の法則

1個のさいころを投げる試行では，1から6のどの目が出ることも同様に確からしいので，どの目が出る確率も $\dfrac{1}{6}$ である。このさいころを $n$ 回投げるとき1の目が出る回数を $r$ として，1の目が出る相対度数 $\dfrac{r}{n}$ について調べてみよう。$n=8000$ までの試行の結果は下の図のようになった。

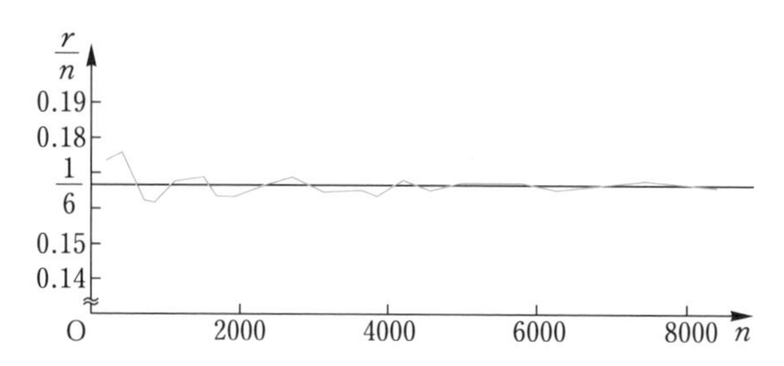


この結果から，$n$ が大きくなるに従って相対度数は1の目が出る確率 $\dfrac{1}{6}$ に近づくように見える。このことを数学的に考察してみよう。

### [1] チェビシェフの不等式

右の表で与えられる確率変数 $X$ の平均を $m$，標準偏差を $\sigma$ とする。

| $X$ | $x_1$ | $x_2$ | …… | $x_n$ | 計 |
|---|---|---|---|---|---|
| $P$ | $p_1$ | $p_2$ | …… | $p_n$ | 1 |

$\sigma^2=\sum_{i=1}^{n}(x_i-m)^2p_i$ について，与えられた正の定数 $t$ に対して，$|x_i-m|\geqq t$ である $i$ についての総和を $\sum_{|x_i-m|\geqq t}$ で表し，$|x_i-m|<t$ である $i$ についての総和を $\sum_{|x_i-m|<t}$ で表すことにする。

$$\sigma^2=\sum_{i=1}^{n}(x_i-m)^2p_i=\sum_{|x_i-m|\geqq t}(x_i-m)^2p_i+\sum_{|x_i-m|<t}(x_i-m)^2p_i$$

$$\geqq\sum_{|x_i-m|\geqq t}t^2p_i+\sum_{|x_i-m|<t}(x_i-m)^2p_i$$

$$\geqq t^2\sum_{|x_i-m|\geqq t}p_i=t^2P(|X-m|\geqq t)$$

これより，次の不等式が成り立つ。

$$P(|X-m| \geqq t) \leqq \frac{\sigma^2}{t^2} \quad \cdots\cdots ①$$

これを **チェビシェフの不等式** という。

$|X-m| \geqq t$ の余事象は $|X-m| < t$ であるから，①より

$$P(|X-m|<t) = 1-P(|X-m| \geqq t) \geqq 1-\frac{\sigma^2}{t^2} \quad \cdots\cdots ②$$

である。

### [2] 大数の法則

1回の試行である事象 $A$ の起こる確率が $p$ である独立試行を $n$ 回繰り返すとき，事象 $A$ が起こる回数を $X$ とすると，$X$ は二項分布 $B(n,\ p)$ に従うから

$$E(X) = np, \quad \sigma(X) = \sqrt{npq} \quad (q = 1-p)$$

いま，事象 $A$ が起きた相対度数を表す確率変数 $\frac{X}{n}$ を考えて，チェビシェフの不等式の $X$ を $\frac{X}{n}$ におきかえると

$$m = E\left(\frac{X}{n}\right) = \frac{1}{n}E(X) = p, \quad \sigma = \sigma\left(\frac{X}{n}\right) = \frac{1}{n}\sigma(X) = \sqrt{\frac{pq}{n}}$$

であるから上の②より

$$P\left(\left|\frac{X}{n}-p\right|<t\right) \geqq 1-\frac{pq}{nt^2}$$

よって，$1-\frac{pq}{nt^2} \leqq P\left(\left|\frac{X}{n}-p\right|<t\right) \leqq 1$

ここで，$n \to \infty$ とすると $1-\frac{pq}{nt^2} \to 1$ であるから

$$\lim_{n\to\infty} P\left(\left|\frac{X}{n}-p\right|<t\right) = 1$$

これは，どんなに小さな正の数 $t$ に対しても成り立つから，$n$ が十分大きくなると相対度数 $\frac{X}{n}$ は確率 $p$ にほぼ等しくなることは確実であることを示している。

これを **大数の法則** という。

## 研究 ポアソン分布

二項分布と正規分布の関係については89ページで，次のことを学んだ。

二項分布 $B(n,\ p)$ は，$n$ の値が十分大きいときは

正規分布 $N(np,\ np(1-p))$ で近似できる。

ところで，$n=100$，$p=0.01$ の場合に，この2つの分布を比較すると，右の図からわかるように，異なっている部分がある。

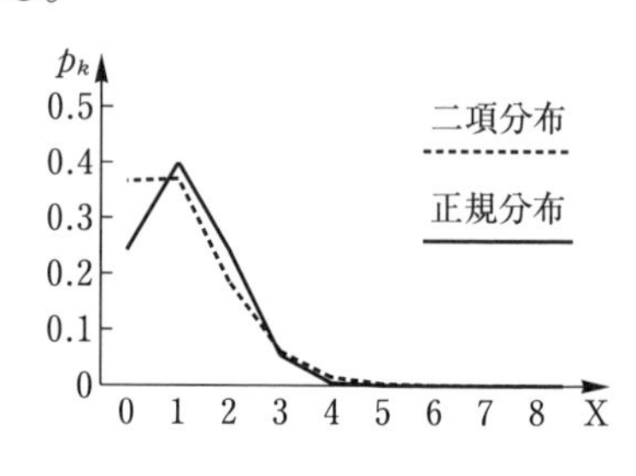


そこで，$n$ の値が大きく $p$ の値が小さいときに，もっと良い近似値が得られる方法を考えてみよう。

確率変数 $X$ が二項分布 $B(n,\ p)$ に従うとき

$$P(X=r) = {}_n\mathrm{C}_r p^r(1-p)^{n-r}$$
$$= \frac{n(n-1)\cdots(n-r+1)}{r!}p^r(1-p)^{n-r}$$

ここで，$np=\lambda$ とおくと $p=\dfrac{\lambda}{n}$ であるから

$$P(X=r) = \frac{n(n-1)\cdots(n-r+1)}{r!}\left(\frac{\lambda}{n}\right)^r\left(1-\frac{\lambda}{n}\right)^{n-r}$$
$$= \frac{n(n-1)\cdots(n-r+1)}{n^r\cdot r!}\lambda^r\left(1-\frac{\lambda}{n}\right)^{n-r}$$
$$= \frac{\lambda^r}{r!}\left(1-\frac{1}{n}\right)\left(1-\frac{2}{n}\right)\cdots\left(1-\frac{r-1}{n}\right)\left(1-\frac{\lambda}{n}\right)^n\left(1-\frac{\lambda}{n}\right)^{-r}$$

ここで，1つの $r$ の値について，$\lambda$ を一定として $n\to\infty$ としてみると，

$k=1,\ 2,\ \cdots,\ r-1$ のそれぞれの $k$ の値に対して $1-\dfrac{k}{n}\to 1$ であり，

$\left(1-\dfrac{\lambda}{n}\right)^{-r}\to 1$ であるから，$n$ の値が大きく $p$ の値が小さいとき，一般に

$$P(X=r) \fallingdotseq \frac{\lambda^r}{r!}\left(1-\frac{\lambda}{n}\right)^n$$

となる。

次に $\left(1-\dfrac{\lambda}{n}\right)^n$ について，$-\dfrac{\lambda}{n}=h$ とおくと $n=-\dfrac{\lambda}{h}$ であり

$$(n\to\infty)\iff(h\to-0)$$

であるから

$$\lim_{n\to\infty}\left(1-\frac{\lambda}{n}\right)^n=\lim_{h\to-0}(1+h)^{-\frac{\lambda}{h}}=\lim_{h\to-0}\{(1+h)^{\frac{1}{h}}\}^{-\lambda}$$

ここで，$\displaystyle\lim_{h\to-0}(1+h)^{\frac{1}{h}}=e$ であるから，$n$ が大きい値のとき

$$\left(1-\frac{\lambda}{n}\right)^n\fallingdotseq e^{-\lambda}$$

よって，$n$ の値が十分に大きく，$p$ の値が十分に小さいときは

$$P(X=r)\fallingdotseq\frac{\lambda^r}{r!}e^{-\lambda}\qquad(\lambda=np)$$

が成り立つ。

一般に，確率変数 $X$ の確率分布が正の定数 $\lambda$ を用いて

$$P(X=r)=\frac{\lambda^r}{r!}e^{-\lambda}\quad(r=0,1,2,\cdots)\quad\cdots\cdots①$$

で与えられるとき，この分布を **ポアソン分布** という。

最初に取り上げた，二項分布 $B(100,\ 0.01)$ と $\lambda=np=1$ としたポアソン分布は右の図のようになり，きわめて良い近似が得られることがわかる。

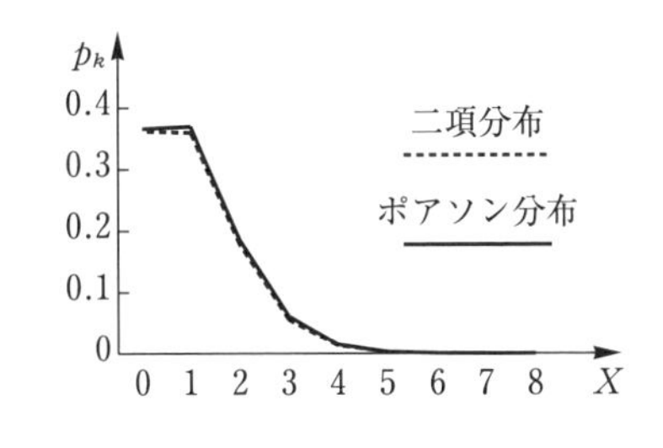


ポアソン分布は，製品のロットの中の不良品の個数や，一定時間内にかかってくる電話の回数，1週間当たりの交通事故の死亡者数など，まれに起こる事象の確率によくあてはまる。

ポアソン分布①の平均は $E(X)=\lambda$，標準偏差は $\sigma(X)=\sqrt{\lambda}$ であることが知られている。

## 研究　カイ2乗分布・$t$分布の確率密度関数

カイ2乗分布の確率密度関数の式は実用の場面であまり使われないため，これまで示してこなかった。$t$分布についても同様である。ここで両分布の確率密度関数を見ておこう。

自由度$n$のカイ2乗分布の確率密度関数$f(x)$は

$$f(x)=\begin{cases} Cx^{\frac{n}{2}-1}e^{-\frac{x}{2}} & (x>0 \text{ のとき}) \\ 0 & (x \leqq 0 \text{ のとき}) \end{cases}$$

の形をしており，$C$はグラフと$x$軸が囲む部分全体の面積（全確率）を1にするための定数で

$$C=\frac{1}{2^{\frac{n}{2}}\Gamma\left(\frac{n}{2}\right)}$$

により与えられる。ここで，

$$\Gamma(s)=\int_0^{\infty}x^{s-1}e^{-x}dx \qquad (s>0)$$

で定義される **ガンマ関数** を用いている。

$$\Gamma(1)=1,\ \Gamma\left(\frac{1}{2}\right)=\sqrt{\pi},\ \Gamma(s+1)=s\Gamma(s) \qquad (s>0)$$

が成り立ち，これらにより上の定数$C$の計算に必要な値はすべて求まる。

自由度$n$の$t$分布の確率密度関数$f(x)$は

$$f(x)=C\left(1+\frac{x^2}{n}\right)^{-\frac{n+1}{2}}$$

の形をしており，$C$は全確率を1にするための定数で

$$C=\frac{\Gamma\left(\frac{n+1}{2}\right)}{\sqrt{n\pi}\,\Gamma\left(\frac{n}{2}\right)}$$

により与えられる。

# 解答

詳しい解答や図・証明は，弊社 Web サイト（https://www.jikkyo.co.jp）の本書の紹介からダウンロードできます。

## 1章　確率

### 1. 確率とその基本性質（P.8～17）

練習1　(1) $U=\{1, 2, 3, 4, 5\}$
(2) $A=\{2, 4\}$
(3) $B=\{1, 2, 3\}$

練習2　(1) $\frac{1}{4}$　(2) $\frac{3}{13}$

練習3　(1) $\frac{3}{8}$　(2) $\frac{1}{6}$

練習4　(1) $\frac{1}{6}$　(2) $\frac{1}{30}$　(3) $\frac{3}{10}$

練習5　$A\cap B=\{12\}$,
$A\cup B=\{3, 4, 6, 8, 9, 12, 15, 16, 18, 20\}$

練習6　$A$ と $B$，$C$ と $D$

練習7　$\frac{1}{2}$

練習8　$\frac{8}{15}$

練習9　(1) $\frac{5}{18}$　(2) $\frac{13}{18}$

練習10　$\frac{6}{25}$

練習11　(1) $\frac{23}{28}$　(2) $\frac{55}{56}$

### 2. いろいろな確率の計算（P.18～32）

練習1　(1) 独立である
(2) 独立ではない

練習2　(1) $\frac{3}{25}$　(2) $\frac{14}{25}$　(3) $\frac{11}{25}$

練習3　(1) $\frac{1}{27}$　(2) $\frac{3}{32}$

練習4　(1) $\frac{5}{16}$　(2) $\frac{40}{243}$

練習5　(1) $\frac{3}{64}$　(2) $\frac{45}{512}$
(3) $\frac{27}{512}$

練習6　$\frac{39}{46}$

練習7　(1) $\frac{1}{2}$　(2) $\frac{1}{4}$

練習8　(1) $\frac{15}{56}$　(2) $\frac{3}{8}$

練習9　(1) 従属である
(2) 独立である

練習10　(1) $\frac{1}{6}$　(2) $\frac{19}{30}$　(3) $\frac{11}{30}$

練習11　$\frac{5}{12}$

練習12　(1) $\frac{123}{125}$　(2) $\frac{49}{82}$

練習13　赤球が取り出される確率は $\frac{1}{2}$
取り出された赤球が袋 A の赤球である確率は $\frac{1}{6}$

### 演習1（P.33）

(1) $p_{n+1}=-\frac{1}{3}p_n+\frac{2}{3}$

(2) $p_n=\frac{1}{2}\left\{1+\left(-\frac{1}{3}\right)^n\right\}$

### 演習2（P.34）

(1) $p_k=\frac{(k-1)(k-2)\cdot 5^{k-3}}{2\cdot 6^k}$,
$p_{k+1}=\frac{k(k-1)\cdot 5^{k-2}}{2\cdot 6^{k+1}}$

(2) $k=12$ または 13

### 章末問題（P.35，36）

1. (1) $\frac{3}{10}$　(2) $\frac{5}{6}$
2. (1) $\frac{1}{28}$　(2) $\frac{1}{4}$　(3) $\frac{1}{6}$
3. (1) $\frac{15}{28}$　(2) $\frac{4}{9}$　(3) $\frac{17}{36}$
4. $\frac{16}{81}$
5. $\frac{11}{32}$
6. $\frac{3}{5}$
7. (1) $\frac{125}{216}$　(2) $\frac{61}{216}$
8. (1) $\frac{1}{3}$　(2) $\frac{17}{81}$

**9.** (1) $\frac{1}{40}$

(2) a $\frac{2}{5}$, b $\frac{12}{25}$, c $\frac{3}{25}$

**10.** $\frac{20}{61}$

## 2章　データの整理

### 1. 1次元のデータ（P.38〜55）

練習1〜2　略

練習3　表・グラフ略
35 kg 以上 50 kg 未満は 14 人，70 %

練習4　30 分

練習5　56 cm

練習6　(1) 40　(2) 37.5

練習7　(1) 30　(2) 16 と 20

練習8　(1) $Q_1=4$, $Q_2=8$, $Q_3=16$
(2) $Q_1=5$, $Q_2=10$, $Q_3=13$

練習9　図は略。(2)の方が中央値への密集度が高いと考えられる。

練習10　(1) 4　(2) 5.5　(3) 2.6

練習11　(1) 6　(2) 8　(3) 4.2

練習12　(1) 2　(2) $2\sqrt{2}$ (≒2.83)

練習13　表は略。標準偏差 $\sqrt{15}$ (≒3.87)

練習14　$\bar{x}=58$, $s_x=16.8$

### 2. 2次元のデータ（P.56〜63）

練習1　図は略。負の相関関係があるといえる。

練習2　略

練習3　b 負，c 負，d 正，e 正

練習4　世界史と数学 $-\frac{2}{\sqrt{5}}$ (≒−0.89)，
数学と物理 0.71

### 章末問題（P.64）

**1.** (1) 平均値 26 点，中央値 25 点，最頻値 15 点
(2) 分散 169，標準偏差 13

**2.** (1) $\bar{x}=11.7$　(2) $s_x{}^2=18.36$

**3.** (1) $\bar{x}=2.1$, $\bar{y}=1.9$
(2) $s_x=0.7$, $s_y=0.7$
(3) $s_{xy}=0.31$　(4) $r≒0.63$

**4.** (1) 略
(2) 平均値：国語 6 点，英語 5.5 点
標準偏差：国語 1.7 点，英語 1.5 点
(3) $r≒0.90$

## 3章　確率分布

### 1. 確率分布（P.66〜81）

練習1　略

練習2　(1) 略　(2) $\frac{2}{3}$

練習3　分布表は略。平均 2

練習4　略

練習5　分散 $\frac{26}{9}$，標準偏差 $\frac{\sqrt{26}}{3}$

練習6　平均 $\frac{3}{5}$，標準偏差 $\frac{2\sqrt{21}}{15}$

練習7　平均 −7，標準偏差 4

練習8　$a=\frac{10}{\sigma}$, $b=50-\frac{10}{\sigma}m$

練習9　$\frac{21}{2}$

練習10　独立ではない。

練習11　略

練習12　(1) $E(X)=2.1$, $E(Y)=2.8$,
$V(X)=0.49$, $V(Y)=0.36$
(2) 5.88　(3) 0.85

練習13　分布表は略。$P(X \geqq 4)=\frac{112}{243}$

練習14　平均 100，標準偏差 $\frac{5\sqrt{30}}{3}$

練習15　平均 −20，標準偏差 $4\sqrt{10}$

### 2. 正規分布（P.82〜90）

練習1　(1) $\frac{5}{16}$　(2) $\frac{7}{16}$

練習2　(1) 0.4974　(2) 0.0668
(3) 0.6826

練習3　(1) 0.6826　(2) 0.8413

練習4　(1) 0.1587　(2) 0.2266

練習5　47 cm 以上 55 cm 以下はおよそ 93 %，
46 cm 以下はおよそ 2.3 %

練習6　(1) 0.3446　(2) 0.9544

### 章末問題（P.91，92）

**1.** (1) 略　(2) $\frac{4}{15}$

**2.** 平均 2

標準偏差 $\frac{\sqrt{2}}{2}$

**3.** $a=\frac{1}{2}$，$b=\frac{3}{2}m$ または

$a=-\frac{1}{2}$，$b=\frac{5}{2}m$

**4.** (1) $\frac{96}{625}$　(2) $\frac{608}{625}$

**5.** 平均 10，標準偏差 $2\sqrt{2}$（≒2.82）

**6.** (1) $n=100$，$p=\frac{1}{10}=0.1$

(2) $E(X)=10$，$V(X)=9$

(3) 0.1587　(4) 0.8185

**7.** 平均 10，標準偏差 $3\sqrt{5}$

**8.** $P\left(\frac{1}{2}\leqq X\leqq 1\right)=\frac{3}{8}$，$E(X)=1$

**9.** 0.0013

**10.** およそ 11 個

**11.** (1) 0.1587　(2) $a=187$

**12.** 0.8185

**13.** (1) 0.2586　(2) 0.0485

## 4章　推定と検定

### 1. 統計的推測（P.94～112）

練習**1**　母平均 $-\frac{1}{5}$，母分散 $\frac{24}{25}$

練習**2**　$E(\overline{X})=\frac{5}{2}$，$\sigma(\overline{X})=\frac{3}{4}$

練習**3**　$13.7\leqq\overline{X}\leqq 16.3$

練習**4**　(1) $a=2.5582$　(2) $b=3.9403$

練習**5**　(1) $a=0.700$　(2) $b=1.812$

練習**6**　97 枚以上

練習**7**　信頼度 95 %で
1011.0 g 以上 1013.0 g 以下，
信頼度 99 %では
1010.7 g 以上 1013.3 g 以下

練習**8**　50.0 g 以上 52.0 g 以下

練習**9**　$0.552\leqq p\leqq 0.648$

練習**10**　信頼度 95 %で
$6.43\ g^2$ 以上 $14.19\ g^2$ 以下

練習**11**　信頼度 95 %で，100 ml 当たり
58.7 個以上 71.3 個以下

### 節末問題（P.113）

**1.** 4.0 mm 以上 4.2 mm 以下

**2.** 3.52 %以上 3.68 %以下

**3.** $0.352\leqq p\leqq 0.448$

**4.** 0.16 %以上 7.84 %以下

**5.** (1) 120.96 g 以上 121.04 g 以下

(2) 174 個以上

**6.** (1) $26.28\leqq\sigma^2\leqq 185.16$

(2) $75.96\leqq\sigma^2\leqq 141.72$

**7.** 4.8 年以上 7.6 年以下

### 2. 仮説の検定（P.114～122）

練習**1**　長さのばらつきは変わっていないと考えられる。

練習**2**　A に効果はあると考えられる。

練習**3**　実験結果は理論どおりといえる。

### 節末問題（P.123）

**1.** 平常より悪かったとはいえない。

**2.** 表示より少ないと判定される。

**3.** $\frac{1}{6}$ であるとはいえない。

**4.** $\frac{1}{2}$ 以上が A 候補を支持すると判断してよい。

**5.** 10 g より大きいと考えられる。

**6.** 効果があったといえる。

**7.** 消費者の好みの比率にあっているとはいえない。

### か

回帰直線　regression line …… 62
階級　class …… 38
階級値　class mark …… 38
階級の幅　class interval …… 38
カイ２乗分布　$\chi^2$-distribution …… 102, 128
確率の加法定理
addition theorem of probability …… 14
確率分布　probability distribution …… 66
確率変数　random variable …… 66
確率密度関数
probability density function …… 83
仮説の検定　hypothesis testing …… 115
片側検定　one-sided test …… 116
加法定理　addition rule …… 14, 16
仮平均　working mean …… 54
ガンマ関数　gamma function …… 128
棄却域　critical region …… 116
棄却する　reject …… 115
危険率　significance level …… 115
期待値　expected level …… 68
帰無仮説　null hypothesis …… 115
共分散　covariance …… 59
空事象　empty event …… 9
原因の確率　probability of the cause …… 32
五数要約　five-number summary …… 48
根元事象　elementary event …… 9

### さ

最小自乗法　method of least squares …… 62
最頻値　mode …… 45
散布図　dispersion …… 56
試行　trial …… 8
事後確率　posterior probability …… 32
事象　event …… 8
事象の確率　probability of the event …… 10
事前確率　prior probability …… 32
四分位数　quartile …… 47
四分位範囲　quartile range …… 48
従属　dependency …… 27
自由度　degree of freedom …… 102
条件付き確率
conditional probability …… 24
乗法定理　multiplication theorem …… 26
信頼区間　confidence interval …… 107
信頼区間の幅　the width of the confidence interval …… 107
信頼限界　confidence bound …… 107
正規分布　normal distribution …… 85
正規分布曲線
normal distribution curve …… 85
正の相関関係　positive correlation …… 56
積事象　intersection of events …… 12
全事象　whole event …… 9
全数調査　complete enumeration …… 94
相関関係　correlation …… 56
相関係数　correlation coeffcient …… 60
相関表　correlation table …… 57
相対度数　relative frequency …… 40
相対度数折れ線
relative frequency line …… 40
相対度数分布表　relative frequency distribution table …… 40

### た

大数の法則　law of large numbers …… 125
代表値　representative value …… 42
対立仮説　alternative hypothesis …… 115
互いに独立　mutually independent …… 18
互いに排反　mutually exclusive …… 13
単峰な分布　unimodal distribution …… 39
チェビシェフの不等式
Chebyshev’s inequality …… 124
中央値　median …… 44
抽出　sampling …… 94
柱状グラフ　histogram …… 39
中心極限定理
central limit theorem …… 100
$t$ 分布　$t$-distribution …… 105, 128
データ　data …… 38
適合度の検定
test of goodness of fit …… 121
統計的仮説　statistical hypothesis …… 114
同様に確からしい　equally likely …… 10
独立　independent …… 21, 27
独立な試行　independent trial …… 18, 20
度数折れ線
line frequency distribition …… 39

度数分布多角形　frequency polygon …… 39
度数分布表
frequency distribution ……………… 38, 52
な
二項分布　binomial distribution ………… 78
は
排反事象　exclusive event ……………… 13
箱ひげ図　box and whisker plot ………… 48
外れ値　outlier ……………………………… 45
範囲　range ………………………………… 47
反復試行　repeated trial ………………… 22
ヒストグラム　histogram …………… 39, 83
非復元抽出
sampling without replacement ………… 95
標準化　standardarization ……………… 87
標準偏差
standard deviation …………49, 50, 53, 70
標本　sample ……………………………… 94
標本調査　sample survey ……………… 94
標本の大きさ　sample size …………… 94
標本分散　sample variance …………… 102
標本分布　sampling distribution ……… 102
標本平均　sample mean ………………… 97
復元抽出
sampling with replacement …………… 95
負の相関関係　negative correlation …… 56
分散　variance ………………49, 51, 53, 69
分布　distribution ………………………… 66
分布曲線　frequency curve ……………… 83
平均値　mean value ……………… 42, 68
ベイズの定理　Bayes' theorem ………… 32
偏差　deviation …………………………… 49
変量　variate ……………………………… 38
ポアソン分布　Poisson distribution …… 125
母集団　population ……………………… 94
母集団の大きさ　size of population …… 94
母集団分布　population distribution …… 96
母標準偏差
population standard deviation ………… 96
母比率　population rate ………………… 109
母分散　population variance …………… 96
母平均　population mean ……………… 96
ま
無作為抽出　random sampling ………… 95
無作為標本　random sample …………… 95
メジアン　median ………………………… 44
モード　mode ……………………………… 45
や
有意水準　significance level …………… 115
余事象　complementary event ………… 17
ら
乱数さい　random number die ………… 95
乱数表　table of random numbers ……… 95
離散的な確率変数
discrete random variables ……………… 82
離散変量　discrete variable …………… 38
両側検定　two-sided test ……………… 116
累積相対度数
cumulative relative frequency ………… 40
累積相対度数折れ線
cumulative relative frequency line …… 41
累積度数　cumulative frequency ……… 40
累積度数折れ線
cumulative frequency line ……………… 41
連続的な確率変数
continuous random variable …………… 82
連続変量　continuous variable ………… 38
わ
和事象　union of events ………………… 12
記号
$P(A)$ ……………………………………… 10
$A \cap B$ ………………………………… 12
$A \cup B$ ………………………………… 12
$\overline{A}$ ………………………………… 17
$P_A(B)$ …………………………………… 24
$\overline{x}$ ………………………………… 42
$P(X=a)$ ………………………………… 66
$P(a \leqq X \leqq b)$ ………………………… 67
$E(X)$ ……………………………………… 68
$V(X)$ ……………………………………… 69
$\sigma(X)$ …………………………………… 70
$B(n,\ p)$ …………………………………… 78
$N(m,\ \sigma^2)$ …………………………… 85

# 正規分布表

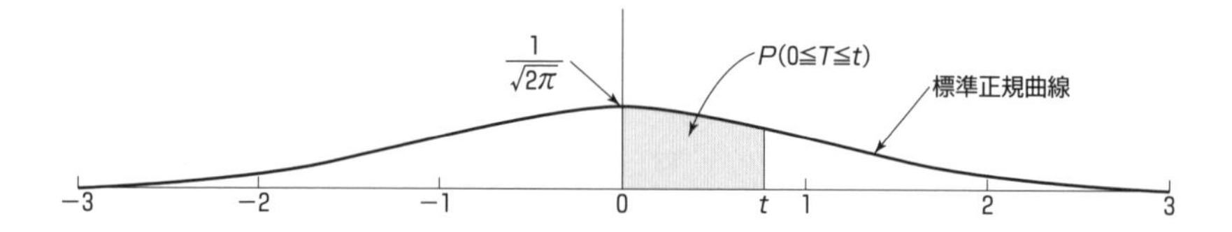


| $t$ | 0 | 1 | 2 | 3 | 4 | 5 | 6 | 7 | 8 | 9 |
|---|---|---|---|---|---|---|---|---|---|---|
| 0.0 | 0.0000 | 0.0040 | 0.0080 | 0.0120 | 0.0160 | 0.0199 | 0.0239 | 0.0279 | 0.0319 | 0.0359 |
| 0.1 | 0.0398 | 0.0438 | 0.0478 | 0.0517 | 0.0557 | 0.0596 | 0.0636 | 0.0675 | 0.0714 | 0.0753 |
| 0.2 | 0.0793 | 0.0832 | 0.0871 | 0.0910 | 0.0948 | 0.0987 | 0.1026 | 0.1064 | 0.1103 | 0.1141 |
| 0.3 | 0.1179 | 0.1217 | 0.1255 | 0.1293 | 0.1331 | 0.1368 | 0.1406 | 0.1443 | 0.1480 | 0.1517 |
| 0.4 | 0.1554 | 0.1591 | 0.1628 | 0.1664 | 0.1700 | 0.1736 | 0.1772 | 0.1808 | 0.1844 | 0.1879 |
| 0.5 | 0.1915 | 0.1950 | 0.1985 | 0.2019 | 0.2054 | 0.2088 | 0.2123 | 0.2157 | 0.2190 | 0.2224 |
| 0.6 | 0.2257 | 0.2291 | 0.2324 | 0.2357 | 0.2389 | 0.2422 | 0.2454 | 0.2486 | 0.2517 | 0.2549 |
| 0.7 | 0.2580 | 0.2611 | 0.2642 | 0.2673 | 0.2704 | 0.2734 | 0.2764 | 0.2794 | 0.2823 | 0.2852 |
| 0.8 | 0.2881 | 0.2910 | 0.2939 | 0.2967 | 0.2995 | 0.3023 | 0.3051 | 0.3078 | 0.3106 | 0.3133 |
| 0.9 | 0.3159 | 0.3186 | 0.3212 | 0.3238 | 0.3264 | 0.3289 | 0.3315 | 0.3340 | 0.3365 | 0.3389 |
| 1.0 | 0.3413 | 0.3438 | 0.3461 | 0.3485 | 0.3508 | 0.3531 | 0.3554 | 0.3577 | 0.3599 | 0.3621 |
| 1.1 | 0.3643 | 0.3665 | 0.3686 | 0.3708 | 0.3729 | 0.3749 | 0.3770 | 0.3790 | 0.3810 | 0.3830 |
| 1.2 | 0.3849 | 0.3869 | 0.3888 | 0.3907 | 0.3925 | 0.3944 | 0.3962 | 0.3980 | 0.3997 | 0.4015 |
| 1.3 | 0.4032 | 0.4049 | 0.4066 | 0.4082 | 0.4099 | 0.4115 | 0.4131 | 0.4147 | 0.4162 | 0.4177 |
| 1.4 | 0.4192 | 0.4207 | 0.4222 | 0.4236 | 0.4251 | 0.4265 | 0.4279 | 0.4292 | 0.4306 | 0.4319 |
| 1.5 | 0.4332 | 0.4345 | 0.4357 | 0.4370 | 0.4382 | 0.4394 | 0.4406 | 0.4418 | 0.4429 | 0.4441 |
| 1.6 | 0.4452 | 0.4463 | 0.4474 | 0.4484 | 0.4495 | 0.4505 | 0.4515 | 0.4525 | 0.4535 | 0.4545 |
| 1.7 | 0.4554 | 0.4564 | 0.4573 | 0.4582 | 0.4591 | 0.4599 | 0.4608 | 0.4616 | 0.4625 | 0.4633 |
| 1.8 | 0.4641 | 0.4649 | 0.4656 | 0.4664 | 0.4671 | 0.4678 | 0.4686 | 0.4693 | 0.4699 | 0.4706 |
| 1.9 | 0.4713 | 0.4719 | 0.4726 | 0.4732 | 0.4738 | 0.4744 | 0.4750 | 0.4756 | 0.4761 | 0.4767 |
| 2.0 | 0.4772 | 0.4778 | 0.4783 | 0.4788 | 0.4793 | 0.4798 | 0.4803 | 0.4808 | 0.4812 | 0.4817 |
| 2.1 | 0.4821 | 0.4826 | 0.4830 | 0.4834 | 0.4838 | 0.4842 | 0.4846 | 0.4850 | 0.4854 | 0.4857 |
| 2.2 | 0.4861 | 0.4864 | 0.4868 | 0.4871 | 0.4875 | 0.4878 | 0.4881 | 0.4884 | 0.4887 | 0.4890 |
| 2.3 | 0.4893 | 0.4896 | 0.4898 | 0.4901 | 0.4904 | 0.4906 | 0.4909 | 0.4911 | 0.4913 | 0.4916 |
| 2.4 | 0.4918 | 0.4920 | 0.4922 | 0.4925 | 0.4927 | 0.4929 | 0.4931 | 0.4932 | 0.4934 | 0.4936 |
| 2.5 | 0.4938 | 0.4940 | 0.4941 | 0.4943 | 0.4945 | 0.4946 | 0.4948 | 0.4949 | 0.4951 | 0.4952 |
| 2.6 | 0.4953 | 0.4955 | 0.4956 | 0.4957 | 0.4959 | 0.4960 | 0.4961 | 0.4962 | 0.4963 | 0.4964 |
| 2.7 | 0.4965 | 0.4966 | 0.4967 | 0.4968 | 0.4969 | 0.4970 | 0.4971 | 0.4972 | 0.4973 | 0.4974 |
| 2.8 | 0.4974 | 0.4975 | 0.4976 | 0.4977 | 0.4977 | 0.4978 | 0.4979 | 0.4979 | 0.4980 | 0.4981 |
| 2.9 | 0.4981 | 0.4982 | 0.4982 | 0.4983 | 0.4984 | 0.4984 | 0.4985 | 0.4985 | 0.4986 | 0.4986 |
| 3.0 | 0.4987 | 0.4987 | 0.4987 | 0.4988 | 0.4988 | 0.4989 | 0.4989 | 0.4989 | 0.4990 | 0.4990 |
| 3.1 | 0.4990 | 0.4991 | 0.4991 | 0.4991 | 0.4992 | 0.4992 | 0.4992 | 0.4992 | 0.4993 | 0.4993 |
| 3.2 | 0.4993 | 0.4993 | 0.4994 | 0.4994 | 0.4994 | 0.4994 | 0.4994 | 0.4995 | 0.4995 | 0.4995 |
| 3.3 | 0.4995 | 0.4995 | 0.4995 | 0.4996 | 0.4996 | 0.4996 | 0.4996 | 0.4996 | 0.4996 | 0.4997 |
| 3.4 | 0.4997 | 0.4997 | 0.4997 | 0.4997 | 0.4997 | 0.4997 | 0.4997 | 0.4997 | 0.4997 | 0.4998 |
| 3.5 | 0.4998 | 0.4998 | 0.4998 | 0.4998 | 0.4998 | 0.4998 | 0.4998 | 0.4998 | 0.4998 | 0.4998 |

# $\chi^2$ 分布表

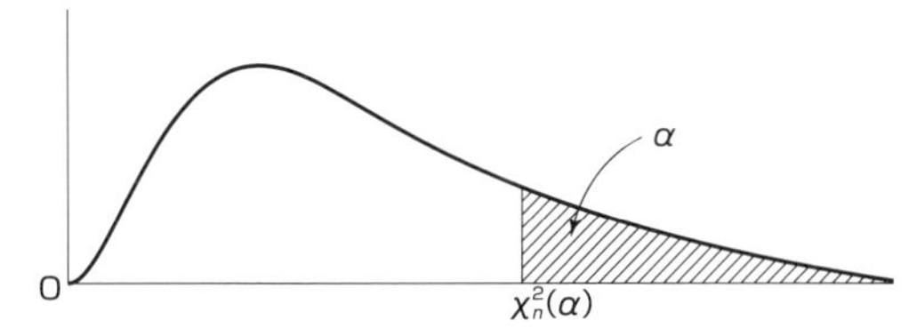


| $n$ \ $\alpha$ | 0.995 | 0.990 | 0.975 | 0.950 | 0.050 | 0.025 | 0.010 | 0.005 |
|---|---|---|---|---|---|---|---|---|
| 1 | $3.927\times10^{-5}$ | $1.571\times10^{-4}$ | $9.821\times10^{-4}$ | $3.932\times10^{-3}$ | 3.8415 | 5.0239 | 6.6349 | 7.8794 |
| 2 | 0.0100 | 0.0201 | 0.0506 | 0.1026 | 5.9915 | 7.3778 | 9.2103 | 10.5966 |
| 3 | 0.0717 | 0.1148 | 0.2158 | 0.3518 | 7.8147 | 9.3484 | 11.3449 | 12.8382 |
| 4 | 0.2070 | 0.2971 | 0.4844 | 0.7107 | 9.4877 | 11.1433 | 13.2767 | 14.8603 |
| 5 | 0.4117 | 0.5543 | 0.8312 | 1.1455 | 11.0705 | 12.8325 | 15.0863 | 16.7496 |
| 6 | 0.6757 | 0.8721 | 1.2373 | 1.6354 | 12.5916 | 14.4494 | 16.8119 | 18.5476 |
| 7 | 0.9893 | 1.2390 | 1.6899 | 2.1673 | 14.0671 | 16.0128 | 18.4753 | 20.2777 |
| 8 | 1.3444 | 1.6465 | 2.1797 | 2.7326 | 15.5073 | 17.5345 | 20.0902 | 21.9550 |
| 9 | 1.7349 | 2.0879 | 2.7004 | 3.3251 | 16.9190 | 19.0228 | 21.6660 | 23.5894 |
| 10 | 2.1559 | 2.5582 | 3.2470 | 3.9403 | 18.3070 | 20.4832 | 23.2093 | 25.1882 |
| 11 | 2.6032 | 3.0535 | 3.8157 | 4.5748 | 19.6751 | 21.9200 | 24.7250 | 26.7568 |
| 12 | 3.0738 | 3.5706 | 4.4038 | 5.2260 | 21.0261 | 23.3367 | 26.2170 | 28.2995 |
| 13 | 3.5650 | 4.1069 | 5.0088 | 5.8919 | 22.3620 | 24.7356 | 27.6882 | 29.8195 |
| 14 | 4.0747 | 4.6604 | 5.6287 | 6.5706 | 23.6848 | 26.1189 | 29.1412 | 31.3193 |
| 15 | 4.6009 | 5.2293 | 6.2621 | 7.2609 | 24.9958 | 27.4884 | 30.5779 | 32.8013 |
| 16 | 5.1422 | 5.8122 | 6.9077 | 7.9616 | 26.2962 | 28.8454 | 31.9999 | 34.2672 |
| 17 | 5.6972 | 6.4078 | 7.5642 | 8.6718 | 27.5871 | 30.1910 | 33.4087 | 35.7185 |
| 18 | 6.2648 | 7.0149 | 8.2307 | 9.3905 | 28.8693 | 31.5264 | 34.8053 | 37.1565 |
| 19 | 6.8440 | 7.6327 | 8.9065 | 10.1170 | 30.1435 | 32.8523 | 36.1909 | 38.5823 |
| 20 | 7.4338 | 8.2604 | 9.5908 | 10.8508 | 31.4104 | 34.1696 | 37.5662 | 39.9968 |
| 21 | 8.0337 | 8.8972 | 10.2829 | 11.5913 | 32.6706 | 35.4789 | 38.9322 | 41.4011 |
| 22 | 8.6427 | 9.5425 | 10.9823 | 12.3380 | 33.9244 | 36.7807 | 40.2894 | 42.7957 |
| 23 | 9.2604 | 10.1957 | 11.6886 | 13.0905 | 35.1725 | 38.0756 | 41.6384 | 44.1813 |
| 24 | 9.8862 | 10.8564 | 12.4012 | 13.8484 | 36.4150 | 39.3641 | 42.9798 | 45.5585 |
| 25 | 10.5197 | 11.5240 | 13.1197 | 14.6114 | 37.6525 | 40.6465 | 44.3141 | 46.9279 |
| 26 | 11.1602 | 12.1981 | 13.8439 | 15.3792 | 38.8851 | 41.9232 | 45.6417 | 48.2899 |
| 27 | 11.8076 | 12.8785 | 14.5734 | 16.1514 | 40.1133 | 43.1945 | 46.9629 | 49.6449 |
| 28 | 12.4613 | 13.5647 | 15.3079 | 16.9279 | 41.3371 | 44.4608 | 48.2782 | 50.9934 |
| 29 | 13.1211 | 14.2565 | 16.0471 | 17.7084 | 42.5570 | 45.7223 | 49.5879 | 52.3356 |
| 30 | 13.7867 | 14.9535 | 16.7908 | 18.4927 | 43.7730 | 46.9792 | 50.8922 | 53.6720 |
| 40 | 20.7065 | 22.1643 | 24.4330 | 26.5093 | 55.7585 | 59.3417 | 63.6907 | 66.7660 |
| 50 | 27.9907 | 29.7067 | 32.3574 | 34.7643 | 67.5048 | 71.4202 | 76.1539 | 79.4900 |
| 60 | 35.5345 | 37.4849 | 40.4817 | 43.1880 | 79.0819 | 83.2977 | 88.3794 | 91.9517 |
| 70 | 43.2752 | 45.4417 | 48.7576 | 51.7393 | 90.5312 | 95.0232 | 100.4252 | 104.2149 |
| 80 | 51.1719 | 53.5401 | 57.1532 | 60.3915 | 101.8795 | 106.6286 | 112.3288 | 116.3211 |

# $t$ 分布表

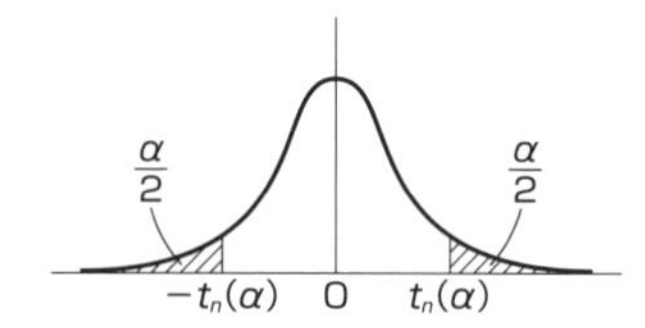


| $n$ \ $\alpha$ | 0.500 | 0.250 | 0.100 | 0.050 | 0.020 | 0.010 |
|---|---|---|---|---|---|---|
| 1 | 1.000 | 2.414 | 6.314 | 12.706 | 31.821 | 63.657 |
| 2 | 0.816 | 1.604 | 2.920 | 4.303 | 6.965 | 9.925 |
| 3 | 0.765 | 1.423 | 2.353 | 3.182 | 4.541 | 5.841 |
| 4 | 0.741 | 1.344 | 2.132 | 2.776 | 3.747 | 4.604 |
| 5 | 0.727 | 1.301 | 2.015 | 2.571 | 3.365 | 4.032 |
| 6 | 0.718 | 1.273 | 1.943 | 2.447 | 3.143 | 3.707 |
| 7 | 0.711 | 1.254 | 1.895 | 2.365 | 2.998 | 3.499 |
| 8 | 0.706 | 1.240 | 1.860 | 2.306 | 2.896 | 3.355 |
| 9 | 0.703 | 1.230 | 1.833 | 2.262 | 2.821 | 3.250 |
| 10 | 0.700 | 1.221 | 1.812 | 2.228 | 2.764 | 3.169 |
| 11 | 0.697 | 1.214 | 1.796 | 2.201 | 2.718 | 3.106 |
| 12 | 0.695 | 1.209 | 1.782 | 2.179 | 2.681 | 3.055 |
| 13 | 0.694 | 1.204 | 1.771 | 2.160 | 2.650 | 3.012 |
| 14 | 0.692 | 1.200 | 1.761 | 2.145 | 2.624 | 2.977 |
| 15 | 0.691 | 1.197 | 1.753 | 2.131 | 2.602 | 2.947 |
| 16 | 0.690 | 1.194 | 1.746 | 2.120 | 2.583 | 2.921 |
| 17 | 0.689 | 1.191 | 1.740 | 2.110 | 2.567 | 2.898 |
| 18 | 0.688 | 1.189 | 1.734 | 2.101 | 2.552 | 2.878 |
| 19 | 0.688 | 1.187 | 1.729 | 2.093 | 2.539 | 2.861 |
| 20 | 0.687 | 1.185 | 1.725 | 2.086 | 2.528 | 2.845 |
| 21 | 0.686 | 1.183 | 1.721 | 2.080 | 2.518 | 2.831 |
| 22 | 0.686 | 1.182 | 1.717 | 2.074 | 2.508 | 2.819 |
| 23 | 0.685 | 1.180 | 1.714 | 2.069 | 2.500 | 2.807 |
| 24 | 0.685 | 1.179 | 1.711 | 2.064 | 2.492 | 2.797 |
| 25 | 0.684 | 1.178 | 1.708 | 2.060 | 2.485 | 2.787 |
| 26 | 0.684 | 1.177 | 1.706 | 2.056 | 2.479 | 2.779 |
| 27 | 0.684 | 1.176 | 1.703 | 2.052 | 2.473 | 2.771 |
| 28 | 0.683 | 1.175 | 1.701 | 2.048 | 2.467 | 2.763 |
| 29 | 0.683 | 1.174 | 1.699 | 2.045 | 2.462 | 2.756 |
| 30 | 0.683 | 1.173 | 1.697 | 2.042 | 2.457 | 2.750 |
| 40 | 0.681 | 1.167 | 1.684 | 2.021 | 2.423 | 2.704 |
| 60 | 0.679 | 1.162 | 1.671 | 2.000 | 2.390 | 2.660 |
| 120 | 0.677 | 1.156 | 1.658 | 1.980 | 2.358 | 2.617 |
| $\infty$ | 0.674 | 1.150 | 1.645 | 1.960 | 2.326 | 2.576 |

●本書の関連データが web サイトからダウンロードできます。

https://www.jikkyo.co.jp/download/ で

「新版確率統計　改訂版」を検索してください。

提供データ：問題の解説


■監修

岡本和夫（おかもとかずお）　東京大学名誉教授

■協力

山田　章（やまだ　あきら）　長岡工業高等専門学校教授

■編修

福島國光（ふくしまくにみつ）　元栃木県立田沼高等学校教頭

星野慶介（ほしのけいすけ）　千葉工業大学准教授

佐伯昭彦（さえきあきひこ）　鳴門教育大学大学院教授

鈴木正樹（すずきまさき）　沼津工業高等専門学校准教授



●表紙・本文基本デザイン——エッジ・デザインオフィス

●組版データ作成——㈱四国写研

新版数学シリーズ

**新版確率統計　改訂版**

2012年11月10日　初版第1刷発行
2021年3月20日　改訂版第1刷発行
2023年4月10日　第4刷発行

●著作者　岡本和夫　ほか

●発行者　小田良次

●印刷所　株式会社広済堂ネクスト

●発行所　実教出版株式会社

〒102-8377
東京都千代田区五番町5番地
電話［営　　業］(03) 3238-7765
　　［企画開発］(03) 3238-7751
　　［総　　務］(03) 3238-7700
https://www.jikkyo.co.jp/





ISBN　978-4-407-34946-7　C3041　Printed in Japan